「カニさん」ブック

「カニさん」ブック

もくじ

1

●「カニさん」のことを知りたい

「カニさん」—

Frog - eyes、Bugeye、日本語では「カニ目」
そんなな愛称のクルマ、ほかにあります？

昔むかしの広告には「スプライト出目」だって…
（ベースボールマガジン社「CAR MAGAZINE」1965年10月号）

精悍、獰猛一途なスポーツカーもいいけれど、
ちょっとちがうキャラ、愛嬌さえ湛えたその顔付き
小さく廉価、でもホンモノの味覚を持つ
スポーツカー好きの魂こもった旧き佳き時代の英国車。

ジャガー 3.4ℓ 59年
R.H付　価応相談

オペルレコード 65年
クーペ ￥

特　価　譲　車（御買徳車）	価　　格
63ヒレーマークII 3000	￥ 1,250,000
63M G B	￥ 870,000
60ヒレースプライト出目R.H付	**￥ 450,000**
65フォードガラクシー 500 新同	￥ 2,700,000
64モーリスオックスフォード 冷房	￥ 950,000
65ブルーバード SS	￥ 480,000

THE EXCITING *New* **AUSTIN HEALEY** *Sprite*

Who can deny that this delightful addition to the marque of Austin Healey is aptly named? For although compact in proportion, the 'Sprite' nevertheless has a 'full-size' performance! The secret lies beneath the bonnet—power in plenty from the B.M.C. 'A' type engine fitted with twin S.U. carburetters and developing 42.5 b.h.p. at 5,000 r.p.m.!

Constructionally, the accent is on safety. Independent front suspension, hydraulic shock absorbers, rack and pinion steering and an extremely low centre of gravity are some of the features which add emphasis to the remarkable grip-tight road-holding qualities of this two-seater sportscar. All steel, integral construction is yet another of the safety features inherent in its design . . . features which have been fully developed and rigorously tested.

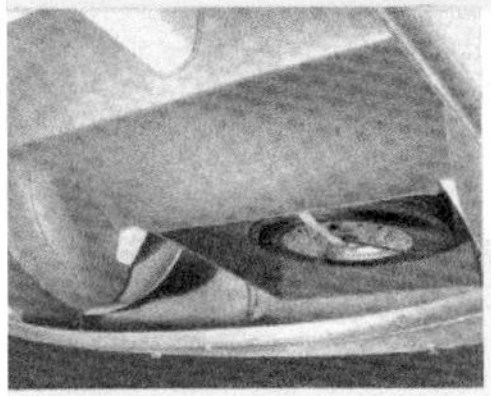

Move the seat squab forward and there behind is a surprising amount of space for personal luggage. The spare wheel is held horizontally by elastic webbing straps.

Being hinged at its rear edge, the complete bonnet assembly lifts to reveal a very accessible front end. Mechanical components requiring routine maintenance are easy to get at with the minimum of inconvenience.

PERFORMANCE, ECONOMY . . .

. . . AND SAFETY!

Specification

ENGINE

In-line 4-cylinder, O.H.V., water-cooled, three bearing counterbalanced crankshaft. Bore 2.478 in. (62.9 mm.). Stroke 3 in. (76.2 mm.). Cubic capacity 57.82 cu. in. (948 c.c.). Maximum b.h.p. 42.5 (SAE 48 b.h.p.) at 5,000 r.p.m. Maximum torque 52 lb. ft. at 3,300 r.p.m. Compression ratio 8.3 : 1.

Fuel System: Twin H1 semi-downdraught S.U. carburettors. A.C. type Y mechanical petrol pump. Oil wetted twin 'pancake' air cleaner. Tank capacity 6 gallons (27.28 litres).

Lubrication System: Full pressure feed, wet sump. Gear or vane type pump driven from camshaft. Full-flow external oil filter with renewable element. Sump capacity 6 pints (3.408 litres) plus 1 pint (0.57 litre) for filter.

Ignition System: Coil and distributor with auto and vacuum control.

Cooling System: Pressurised radiator with pump, fan and thermostat. Capacity approximately 10 pints (5.68 litres).

MECHANICAL

Clutch: Single dry plate 6¼ in. (15.88 cm.) diameter. Hydraulically operated by pendant pedal.

Gearbox: Four-speed synchromesh on second, third and top speeds. Ratios—first 3.628, second 2.374; third 1.412; top 1.00; reverse 4.664 to 1. Remote control gear lever centrally placed on floor. Oil capacity approximately 2¼ pints (1.33 litres).

Propeller Shaft: Open, with needle roller bearing universal joints. Sliding splines in gearbox.

Rear Axle: Hypoid, three-quarter floating, banjo type. Ratio 4.22 to 1 (9/38). Oil capacity approximately 1¾ pints (1 litre).

Overall Gear Ratios: First 15.31, second 10.02, third 5.96, top 4.22, reverse 19.68.

Road Speeds at 1,000 r.p.m.: First 4.23 m.p.h., second 6.46 m.p.h., third 10.88 m.p.h., top 15.37 m.p.h.

Steering: Rack and pinion—2⅓ turns of steering wheel, lock to lock. Two-spoke 16 in. (0.41 m.) diameter steering wheel. Turning circle approximately 31 ft. 6 in. (9.60 m.)

Suspension: Front—independent, with wishbones, coil springs and shock absorbers. Rear—quarter elliptic leaf springs with shock absorbers and radius arms. Lever type hydraulic shock absorbers.

Brakes: Foot—pendant pedal operating four-wheel hydraulic, two-leading shoe on front. Hand—centre pull-up lever operating on rear wheels through compensator. Diameter 7 in. × 1¼ in. wide.

Road Wheels: 13 in. × 3½ in. pressed steel ventilated disc, with four-nut fixing, fitted with 5.20—13 four-ply tubeless tyres.

DIMENSIONS

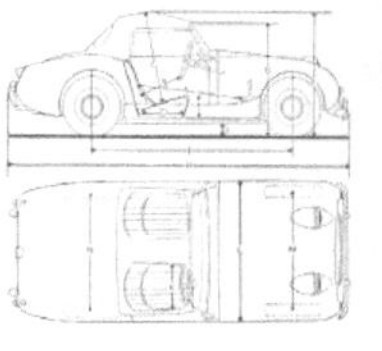

A Max. 3 ft. 7¼ in. (1.10 m.)	A Min. 3 ft. 3¼ in. (1.00 m.)	B Max. 1 ft. 5 in. (0.43 m.)	B Min. 1 ft. 2 in. (0.36 m.)
C 2 ft. 10½ in. (0.88 m.)	D 1 ft. 7 in. (0.48 m.)	E 7½ in. (0.20 m.)	F 4 ft. 1¼ in. (1.26 m.)
G 3 ft. 8¼ in. (1.12 m.)	H 11 ft. 5¼ in. (3.49 m.)	I 6 ft. 8 in. (2.03 m.)	J 5 in. (0.13 m.)
K 1 ft. 5 in. (0.43 m.)	L 4 ft. 5 in. (1.35 m.)	M 3 ft. 9½ in. (1.16 m.)	N 3 ft. 9¼ in. (1.14 m.)
Turning Circle ... 31 ft. 6 in. (9.60 m.)			
Approx. Weight (less fuel) 12¾ cwt. (650 kg.)			

AUSTIN HEALEY

ELECTRICAL

12 volt, 38 amp-hr. capacity battery at 10 hour rate (43 amp-hr. at 20 hour rate). Double dipping headlamps with foot-operated dip switch (to suit any Export requirements). Sidelamps combined with front flashers. Twin stop-tail lamps, combined with red reflectors. Rear number plate lamp and twin flashing direction indicators. Twin self-parking windscreen wipers. Single horn. Combined switch for lamps and ignition.

INSTRUMENTS

Speedometer with trip and total mileage recorder. Petrol gauge. Warning lamps to indicate no dynamo charge and headlamp high beam position. Warning lamp to show flashers working. Combined thermometer and oil pressure gauge. Concealed instrument illumination.

BODYWORK

Two-door, two-seater sports car of all-steel mono-construction. The complete bonnet assembly, comprising front wings, radiator cowl, headlamps, sidelamps/flashers and front number plate, is hinged at its rear edge for extreme accessibility of engine and mechanical components at front end of the car. Curved toughened glass windscreen held in rigid chrome frame. Interior trim of P.V.C.-coated fabric. Each door has an open pocket and is fitted with an internal catch release. Removable P.V.C.-coated fabric sidescreens are fitted. The two bucket seats have foam rubber cushions and rubberised hair squabs; the backs of the seats tip forward to allow access into the rear luggage compartment, in which the spare wheel is stowed horizontally. A rubber mat covers the floor of the driving compartment and P.V.C.-coated felt is used elsewhere. Chrome overriders are attached to the body at the rear. A P.V.C.-coated fabric hood is detachable from its hoodsticks, and with the hoodsticks and sidescreens can be stowed behind the seats.

Optional Extras: Radio. Heater and demister. Windscreen washer. Rev. counter (when fitted incorporates headlamp high beam warning lamp). Chromium plated front bumper (standard fitting for Export Markets). Tonneau cover. Laminated screen. Six-ply tyres in lieu of standard for Export Markets.

The goods manufactured by the Austin Motor Company Limited are supplied with an express Warranty, which excludes all warranties, conditions and liabilities whatsoever implied by Common Law, Statute or otherwise. PRICES—The Company reserves the right to vary the list prices at any time. SPECIFICATION—The Company reserves the right on the sale of any vehicle to make before delivery without notice any alteration to or departure from the specification, design or equipment detailed in this publication. Under present supply difficulties such alterations are likely to occur at any time.

THE AUSTIN MOTOR COMPANY LIMITED
AUSTIN MOTOR EXPORT CORPORATION LIMITED
LONGBRIDGE · BIRMINGHAM · ENGLAND

Printed in England SNP

Publication No. 1200/B

THE CAR THAT OFFERS SO MUCH . . . . . FOR SO LITTLE . . . . .

AUSTIN HEALEY

There is much to interest the sports car enthusiast in the construction of this delightful newcomer to the world's sports car markets.

The designs of most of its major mechanical components have been proved in other B.M.C. models, so that to purchase a 'Sprite' is to have a ready-made, fully comprehensive, world-wide spares and service organisation!

Compact and 'clean', the body of the 'Sprite' is first completely immersed in a rust-inhibiting compound before receiving its finishing coats of high-lustre enamel, thus ensuring long, trouble-free life.

High quality P.V.C.-coated fabric is used entirely for the interior trim. Seats, casings and fascia panel are all covered with this hard-wearing material, which being washable, can be kept spotlessly clean.

The hood and sidescreens are also made from P.V.C.-coated fabric, forming a snug, weather-proof canopy which can be removed and stored in the rear compartment behind the seats when not in use.

Numerous items of optional equipment are available at small extra cost—such items as radio, heater, screen-washer and rev. counter can all be fitted to order. Robust overriders are fitted at the rear, and for extra protection at the front, a chromium plated bumper, complete with overriders, is fitted on all Export models, this being available at extra cost for the Home Market.

COLOURS

The 'Sprite' is available in several combinations of exterior colours and interior trim, as set out in the panel below. In each case the road wheels are painted silver.

EXTERIOR COLOUR	INTERIOR TRIM COLOUR
Cherry Red ...	Red with white piping and black or white hood.
Leaf Green ...	Green with black or white hood.
Old English White	Red or black, with white piping and black or white hood.
Iris blue	Blue with light blue piping and black or white hood.
Nevada Beige ...	Red with white piping and black or white hood.

. . . . . . SPORTS CAR PERFORMANCE . . . .

Sprite

. . . . . . SMALL CAR ECONOMY

Fascia

Simple and straightforward design results in a pleasant and neatly arranged fascia. The complete panel is trimmed in P.V.C.-coated fabric and the instruments are grouped immediately in front of the driver. Provision is made for the inclusion of a rev. counter which, when fitted, includes the headlamp high beam warning light. A radio can also be neatly installed, the control unit being positioned on the passenger's side of the fascia.

When sitting behind the wheel of the 'Sprite', the enthusiast will find everything conveniently to hand . . . experience the 'feel' and performance of the 'big' sports car and the satisfying economy and manoeuvrability of the small car, in which class the British Motor Corporation are undisputed leaders.

Power Unit

Now established as the finest power unit of its class throughout the world, the familiar 'A' type B.M.C. engine is equipped with twin S.U. carburetters to provide the motive power for the Austin Healey 'Sprite'.

Extremely economical in use, this four-cylinder o.h.v. engine has a lively response that gives to the 'Sprite' its 'grown-up' performance, for it develops up to 42.5 b.h.p. at 5,000 r.p.m. and shows very commendable torque at low revs., the maximum figure being 52 lb. ft. at 3,300 r.p.m.

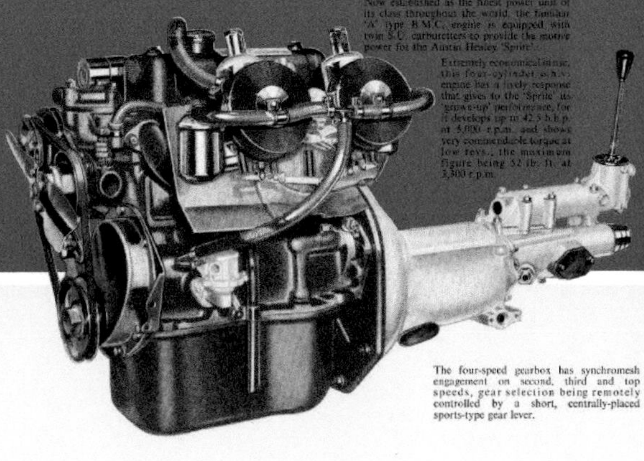

The four-speed gearbox has synchromesh engagement on second, third and top speeds, gear selection being remotely controlled by a short, centrally-placed sports-type gear lever.

Brakes

Drive with confidence . . . for the powerful, four-wheel brakes are hydraulically operated by pendant pedal. There is also two-leading-shoe action on the front wheels, and for parking purposes the handbrake is mechanically connected to the rear wheels.

Suspension

The anti-roll qualities of the 'Sprite' are the result of its low centre of gravity and robust independent front suspension. Coil springs and wishbone connections are controlled by lever type hydraulic shock absorbers to give smooth, safe driving at all times.

「カニさん」のドア外側には開閉レヴァがない。内側に手を突っ込んでドアを開く。トランク・リッドもないから、荷物はシートバックを前に倒して、後方のラゲッジ・スペースに荷物を押し込む。スペース自体はかなり大きく、スペア・タイヤもその後方に収められている。「カニさん」ならではの作法というものだ。

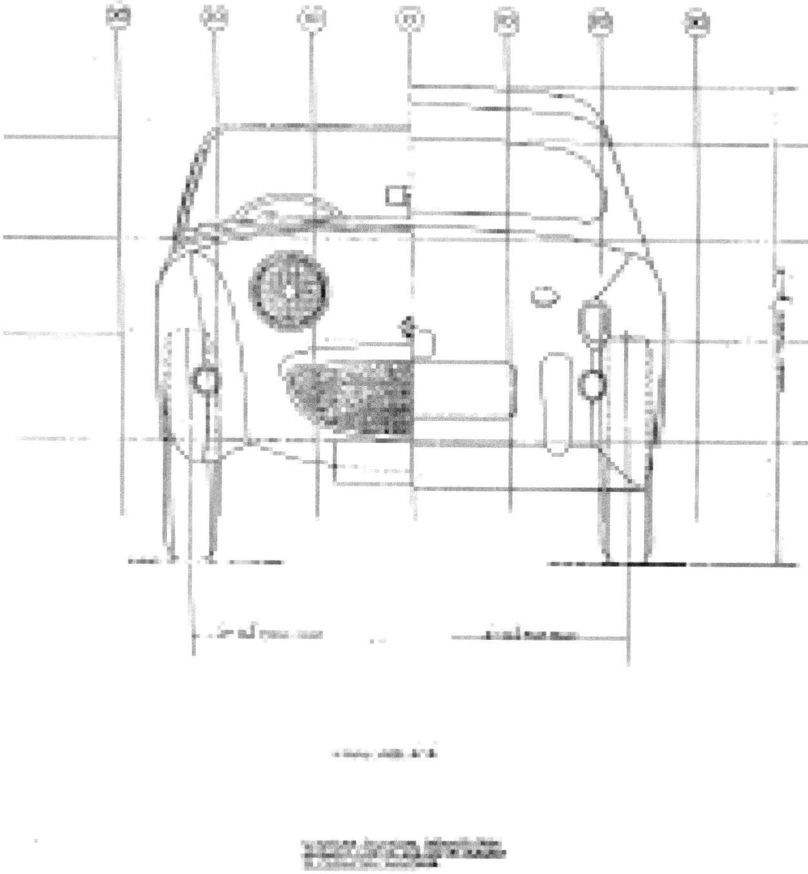

この「カニさん」の線図は英国の博物館の姿料棚を捜しまくって発見したものだ。

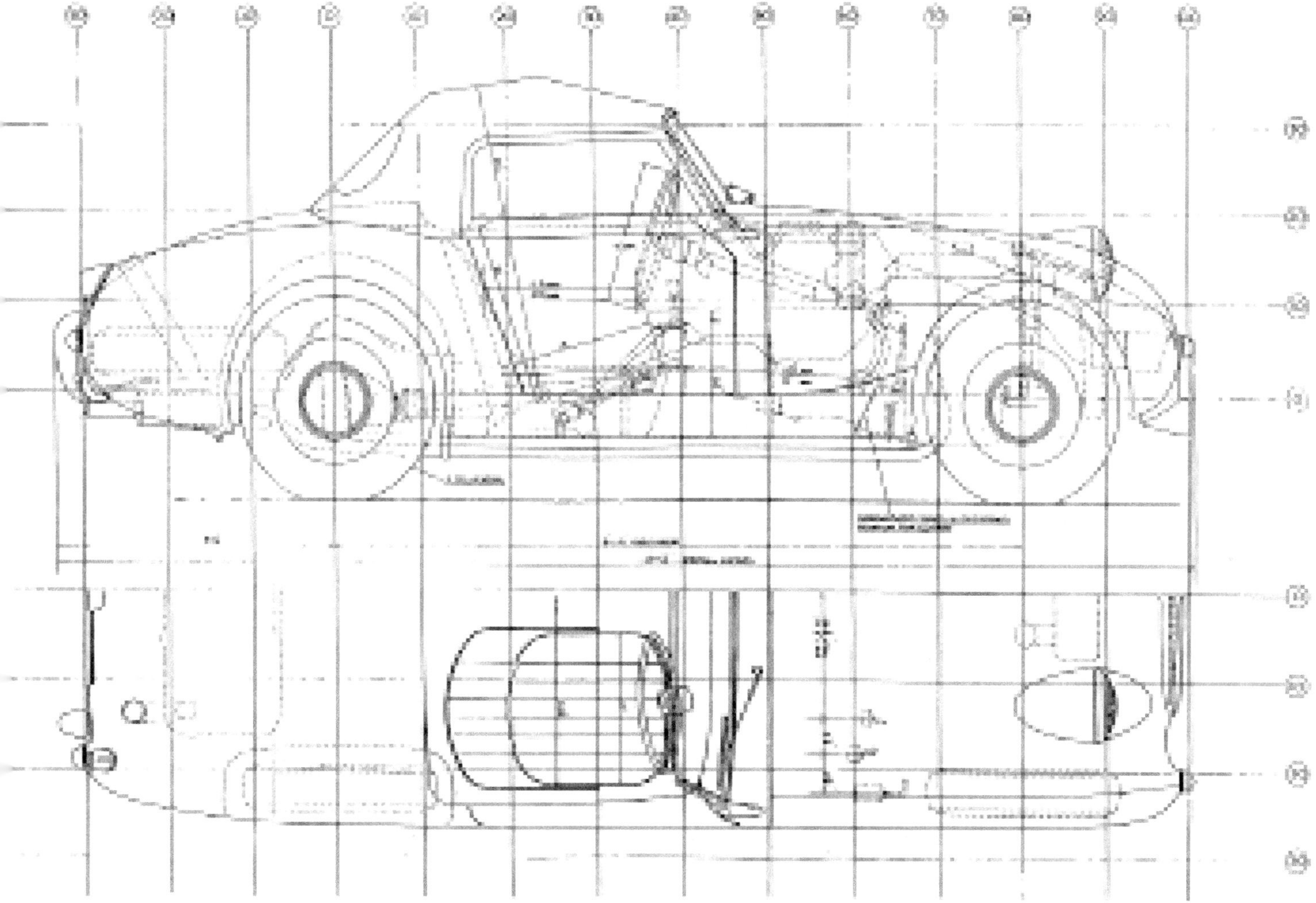

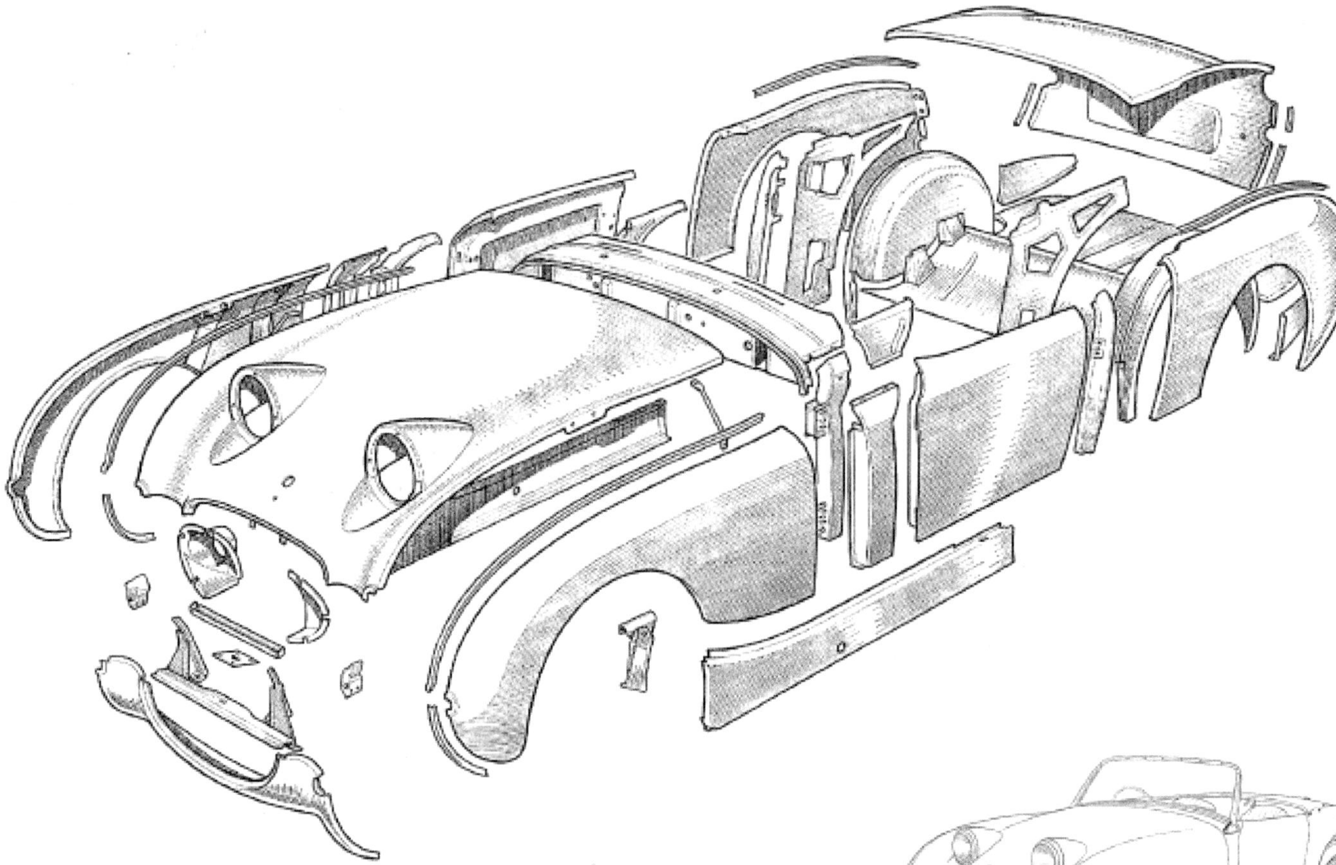

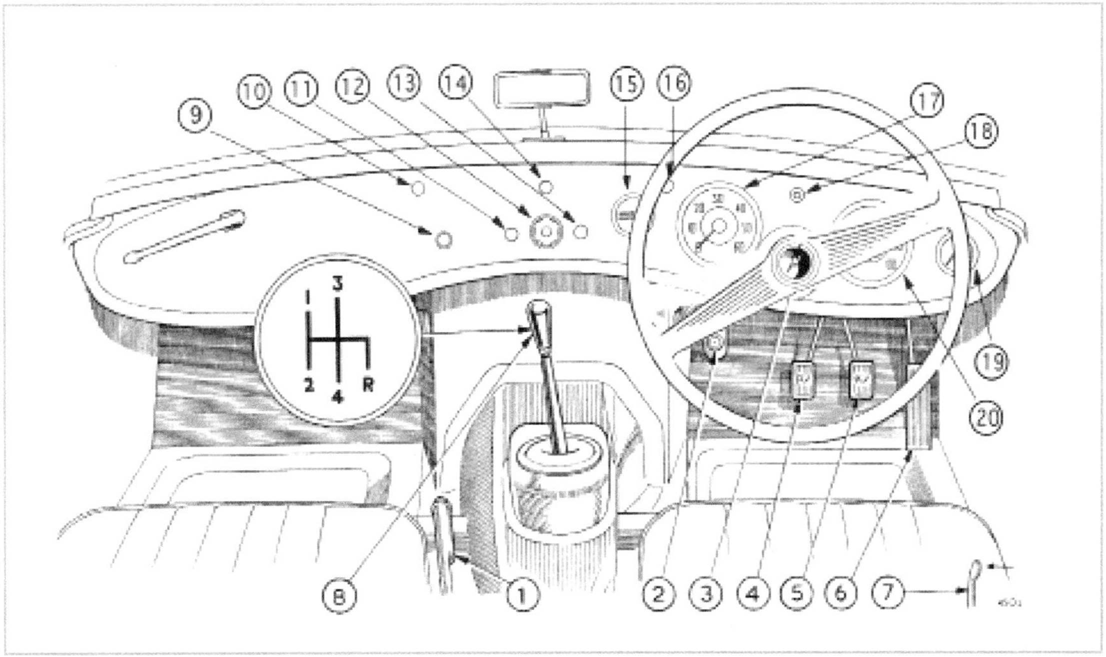

インストゥルメント・パネル

1：パーキング・ブレーキ
2：ディップ・スウィッチ
3：ステアリング・ホイール
4：クラッチ・ペダル
5：ブレーキ・ペダル
6：アクセレレータ・ペダル
7：シート・スライダー
8：ギア・シフト・レヴァ
9：チョーク・コントロール
10：ウィンドスクリーン・ウォッシャ
（後期モデルは位置変更）
11：ワイパー・スウィッチ
12：イグニション・スウィッチ
13：ヒーター・スウィッチ
14：方向指示器スウィッチ
15：油圧／水温計
16：スタータ・スウィッチ
17：レヴカウンター（タコメーター）
18：方向指示インディケイター
19：燃料計
20：速度計

fun is where you find it!
AUSTIN-HEALEY
Sprite

これは北米でつくられたブロシュア。写真は左ハンダーだけれど、図は右のまま。カラーは印刷で似ていない。

Sprite

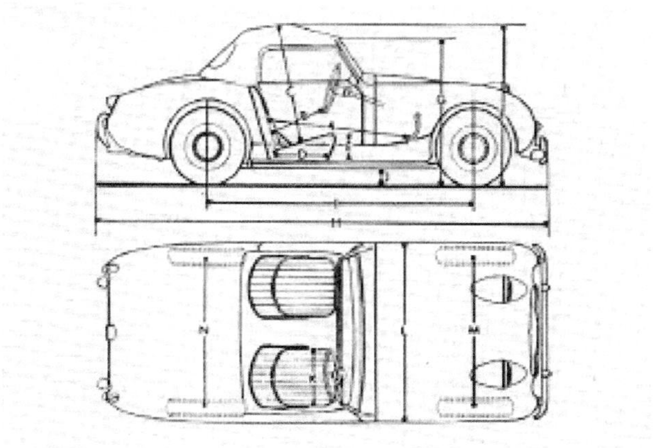

A Max.	A Min.	B Max.	B Min.	C	D	E	F
3 ft. 7½ in.	3 ft. 3¼ in.	1 ft. 5 in.	1 ft. 2 in.	4 ft. 10½ in.	1 ft. 7 in.	7⅜ in.	4 ft. 1⅜ in.
G	**H**	**I**	**J**	**K**	**L**	**M**	**N**
3 ft. 8½ in.	11 ft. 5¼ in.	6 ft. 8 in.	5 in.	1 ft. 5 in.	4 ft. 5 in.	3 ft. 9½ in.	3 ft. 8¾ in.

Turning Circle . . . 31 ft. 6 in.

Performance data: Top speed 85 m.p.h., 0-60 m.p.h. 20.8 sec.
Standing ¼ mile 21.8 sec.

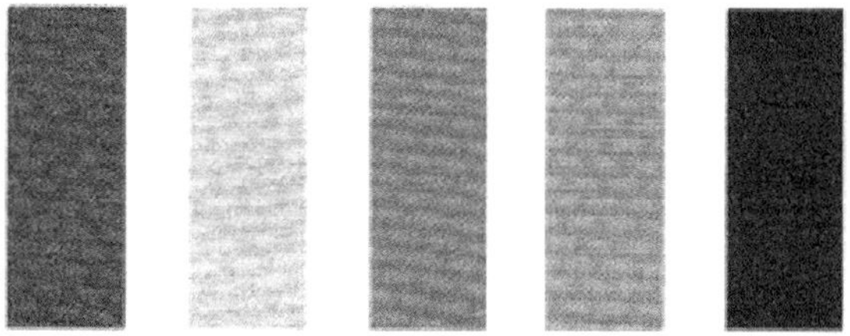

Leaf Green　Old English White　Iris Blue　Beige　Cherry Red

「カニさん」──
エンジンはオースティンの直列４気筒 OHV
排気量 948cc をちょっとチューニングアップした 43.5PS
ホイールベースは 2030mm
軽量化のために量産オープン・スポーツカーとして
世界で初めてのモノコック・シャシーを採用。
強度を保つためにトランク・リッドも省略。
全長 3490mm、小さなボディで規定の高さクリアのため
ぴょっこり飛び出したヘッドランプになった…

そう、「カニさん」の**目は必然**なのである。

「ビッグ・ヒーリー」を生み出したヒーリーさん父子が提案
オースティンを含む英国 BMC が適材適所で生産分担
プレス発表は 1958 年 5 月 20 日。
1958 年 3 月に生産開始して 1960 年 11 月まで
実にその数 50000 台近く。
小型オープン・スポーツカーのマーケットを築き
MG ミジェットにも結びつく大きなヒット作となった。

それから 60 年あまり。
いまでは多くの熱心な愛好家のもとで
趣味のクルマとして、おおいにその存在感を示している。

いいなあ、「カニさん」。クルマ好きみんなのアイドルだ。

カニさんのボディカラー

「カニさん」のカタログ・カラー、純正色は全部で5色。
デビュウ時の3色が途中から変更されたが、
色合いは赤、白、青、緑、黄という取り合わせのまま。
チェリイ・レッドはちょっとくすんだ赤、
白はお馴染みのオールドイングリッシュ・ホワイト。
青はスピードウェル・ブルウから
1959年1月以降アイリス・ブルウに変更。
緑はダーク・グリーンから同じくリーフ・グリーンに、
黄はソフトな印象のプリムローズ・イエロウから
ホワイトホール・ネヴァダ・ベイジュに置き換えられた。

最近見掛ける「カニさん」からすると、
どれもがちょっとばかりクラシカルで深みのあるカラー。
いまから60年前の標準色らしいな、と思わせる。

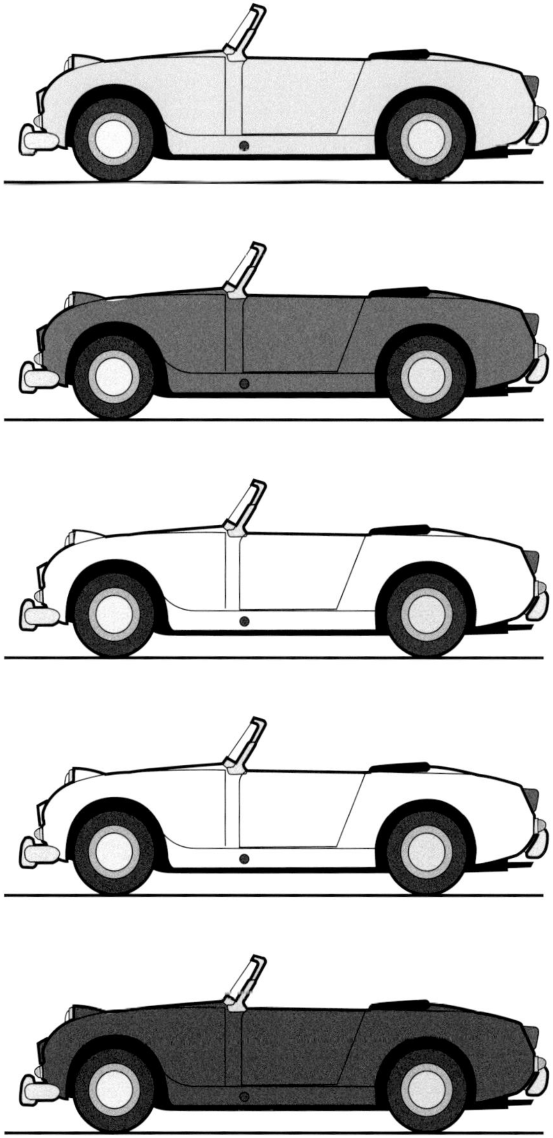

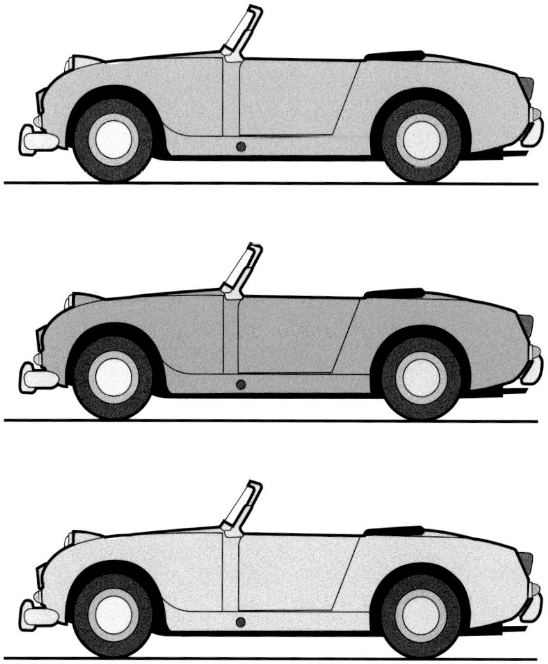

上から
Speedwell Blue(BU1) → Iris Blue(BU12)、
Dark Green（GN12）→ Leaf Green(GN15)、
Primrose Yellow (YL3) →
Whitehall Nevada Beige(BG4)、
OLdEnglish White(WT3)
Cherry Red (RD4) の順。

カニさん、こんな好みのカラー

現代の「カニさん」はオリジナル・カラーより
それぞれの思いに描くお似合いカラーの方が断然多い。
小さいとはいえスポーツカー
しっかりと主張を持った色合いがいい。

むかし、カラーサンプルを持って
これにしようかあれにしようか…
愉しい悩みを抱えていた時間。

それもまた趣味の時間だったのではないか。
趣味はゆっくり楽しむのがいい
たくさんの愉しみが加わる方がいい。
それぞ趣味の極意でもある。

ボディ外観のカラー、内装の色、シートの周囲を囲むパイピング… オープンの「カニさん」の場合、ソフトトップ、トノウカヴァ、それにオプションのハードップの色も選択のなかに入ってくる。
それらを組み合わせて、自分好みの、自分だけの「カニさん」を仕上げる。

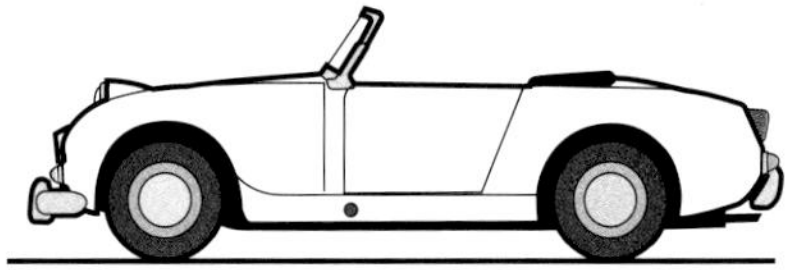

英国車の白はオールドイングリッシュ・ホワイト（OEW）。それはオールドイングリッシュ犬のね… などと解説されるちょっと黄味を帯びた白。でも「カニさん」には、先ほどの赤と同様、純白の方が明快で、それはそれで悪くない。

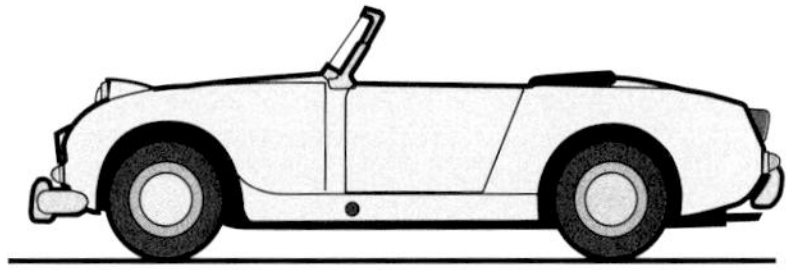

そう、やはり「カニさん」にははっきりとした純色が似合うんだなあ。そう思っていたら、綺麗なイエロウのカニさんに出遇った。これで内装は黒、シート・パイピングが黄色なんていうのは、ひとつの「決まり」カラーになるだろう。

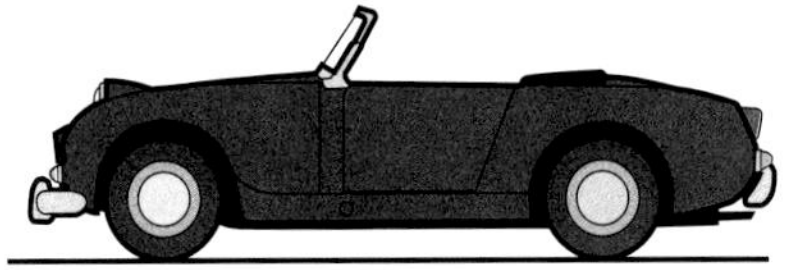

カタログの表紙はなんとブラックの「カニさん」。でも、じっさいに販売されたオリジナル・カラーに黒は設定されていない。そうそう、スプリジェットのラスト・モデルが黒の特別カラーだったなあ。ちょっとオトナっぽい。

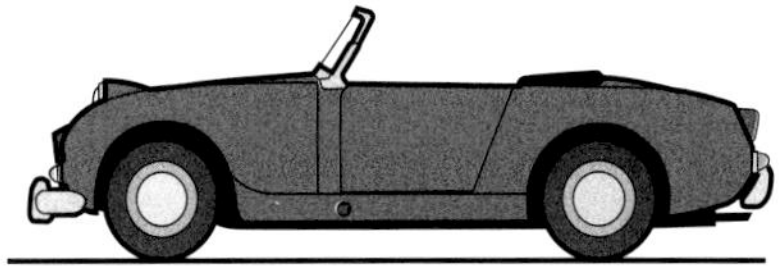

多くの人は赤といったらこんなピュアで綺麗な赤にするだろうなあ。オリジナル・カラーの濃い赤、チェリイ・レッドはなかなかお目に掛かれない。「カニさん」には、やはりこのはっきりした赤が似合ってもいるようだし…

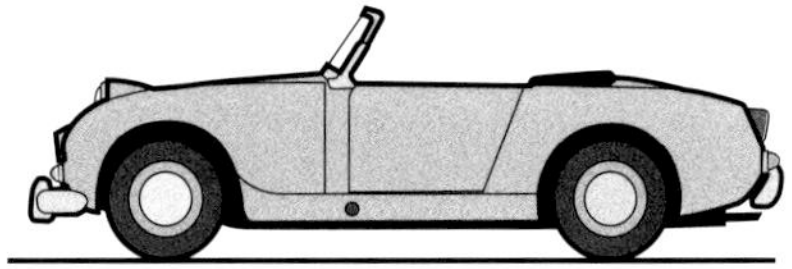

シルヴァ・メタリックの「カニさん」。クラシカルなイメージのカニさんだけれど、現代的なメタリック塗色も意外とよく似合う。ヘッドランプ・リムだとかフロント・グリルだとか、メッキ部品の多いカニさんにはいっそう効果的。

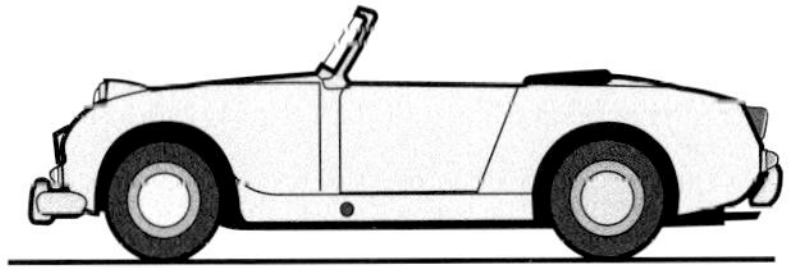

ポスリーン・グリーン、三代目の「カニさん」に選んだカラー。モーリスの標準色にあったのをもとに選んだ。ボケた色になるかな、という少しの心配はあったのだけれど、クロムの輝きのおかげで、いい感じ。それに汚れも目立たないし。

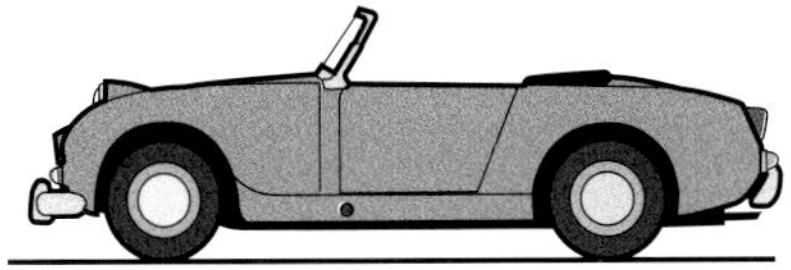

スプライト Mk-II の標準色にあったディープ・ピンク。ちょっとくすんだいい色合いで、これは「カニさん」に似合うだろうな、と最後までその気になっていたのだが、ちゃんとした色見本もなく、冒険心はそこでストップしたのだった。

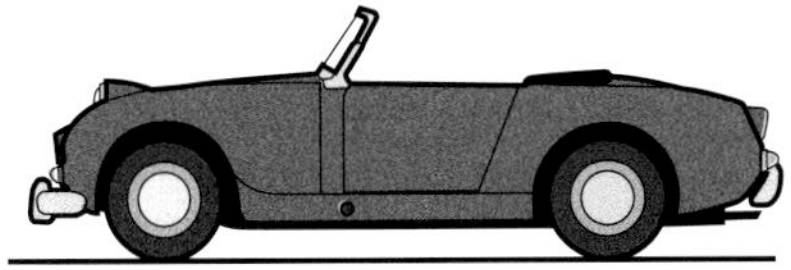

ブラウン・カラーは似合うクルマには実にしっとり素敵なのだが、なかなかヒットはしにくかったのだろう、標準色として用意されることは少ない。果たして「カニさん」にはどうか？ かつて「えび茶」のカニさんを見た記憶がある。

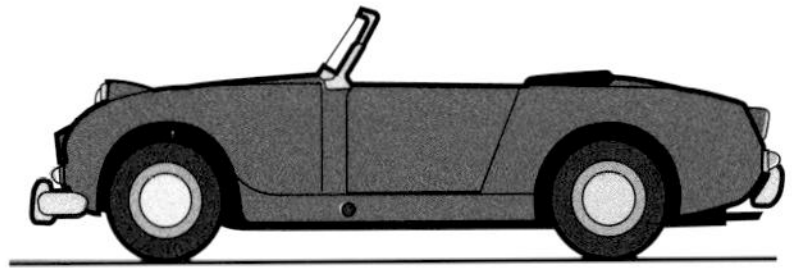

「茄子紺」というカラーは多くのクルマに設定されていて、それでいてけっこうよく似合う。ちょっと赤みを加えたブルウ、茄子紺のカニさんにはオプションで用意された白のハードトップを組合わせて、ちょっと元気に走るがいい。

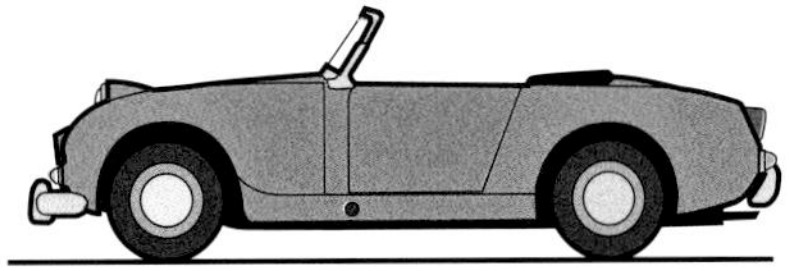

鮮やかな色が似合う「カニさん」。いっそのことオレンジ色なんてどうだろう。フィアットのバルケッタなど、オレンジ色のオープンが流行ったことがある。バルケッタを見るたびに、カニさんはどうかなあ、と想像していたのだが。

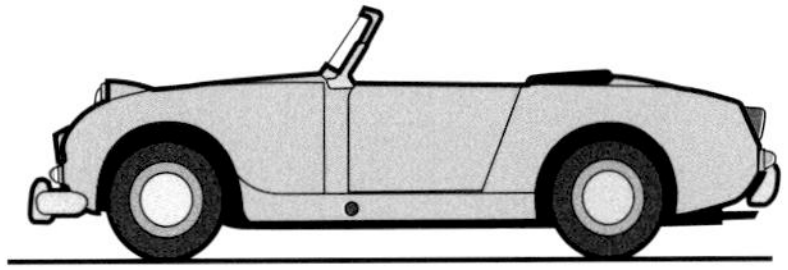

いわゆる「黄緑」。素敵な「カニさん」としてサーキットを走る白のハードトップ付の写真を紹介したが、実にいい色合いのグリーンが印象に残っている。標準色のリーフ・グリーンとは異なる「きみどり」がニュアンス的にぴったり。

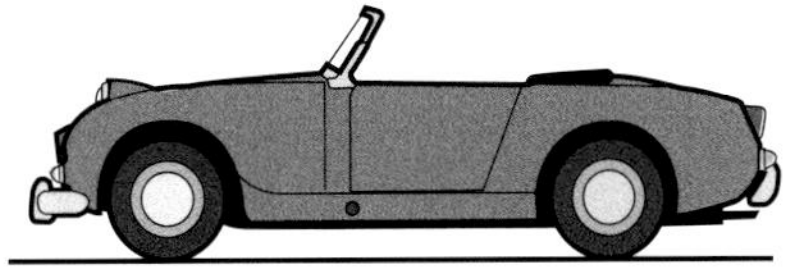

ドーヴ・グレイ、メタリックではないソリッドのグレイ、それも少し濃いオトナの雰囲気を持つグレイは「カニさん」にも、シックな雰囲気を与えてくれる。英国で見掛けたグレイ・カニ、帽子にパイプの紳士が実に似合っていたなあ。

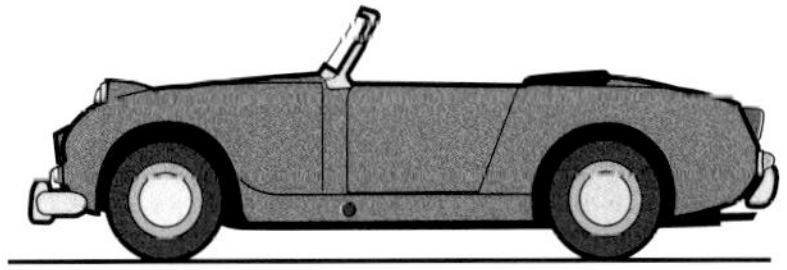

ほかのクルマだったらゾッとしてしまいそうなパープルも「カニさん」にはちょっと塗ってみたくなる色だ。問題は内装、シートで、普通のブラックでは面白くないし、さりとて藤色というような品のいいシート素材は見付かるだろうか。

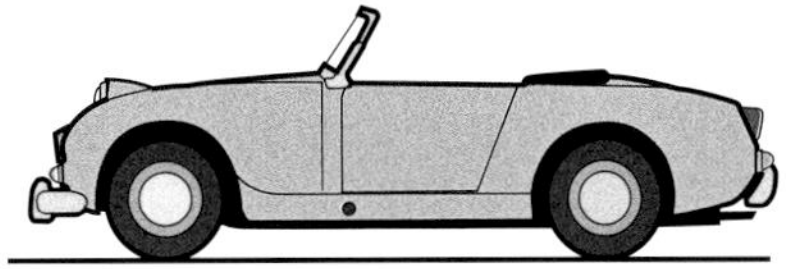

イエロウにはふた通りあって、少し緑をたらしたレモン・イエロウといわゆる山吹色というような腰のある赤みがかった黄色。標準色のプリムロースはソフトな印象のイエロウだが、山吹色になるとかなりパワーを感じさせそうだ。

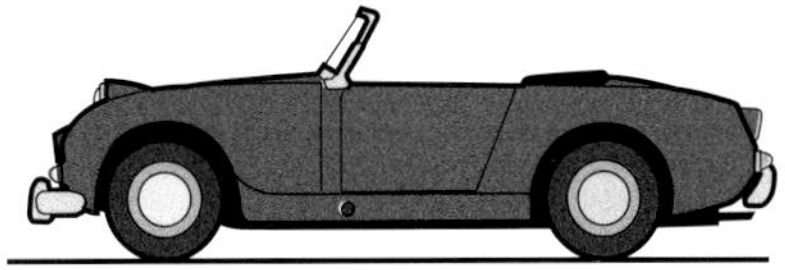

ちょっとくすんで落ち着いた赤。チェリイ・レッドの印象をもとに塗ったのだけれど、ちょっとちがったかなあ、という感もなきにしも非ずなのだが、でも案外似合っていたなあ。目玉と笑顔グリルのフロントがぱっちり映える。

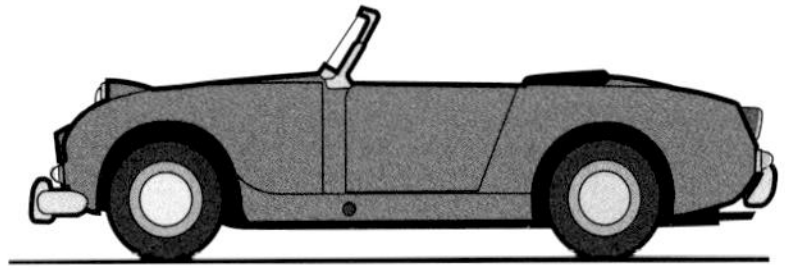

ターコイズ・ブルウ、少し濃い鮮やかなブルウは、先の赤や白、黄と並んで「カニさん」の鮮烈組の一角に入りそう。他車ではメタリックになりがちなブルウを、しっかりソリッドで塗ると、クロム・メッキのパーツが際立つものだ。

初めてのカニさん 2

初めての「カニさん」
それは初めての「ガイシャ」、初めてのオープン、
そして … 初めての趣味のクルマ

知ってから乗るか、乗ってから知るか…
じっさいに所有してみて初めて解ることも多い。

ちょっとだけ悩んだ末に
一台のカニさんを手に入れた。
そして、自動車趣味を実践しはじめた。

おお、オープンとはこんなにも開放的なものか
小さなスポーツカーは人車一体
持てるパワーを目一杯使って走るのはまさに快感
明快なメカニズムは、なるほどなるほど納得

カニさんと暮す毎日は刺激的でとても新鮮

一番の発見は…
じっさいに走って、じっさいに暮して気付くのは、
趣味のクルマはいいな、ってこと。

趣味のクルマが欲しい。
なににしようか。
絶対オープンがいいなあ。
趣味のキホン… 英国スポーツにしよう。
というより、当時手の届きそうなオープンは
英国スポーツしかなかった。

いのうえ・こーいち

汽車も、クルマも、船も、飛行機もできるだけ人間に近い大きさのものが良い。軽量機関車やライトウエイト・スポーツ・カーを溺愛しつづけてきました。その小生が四〇代まで育った「スクランブル・カー・マガジン」を離れ、再びとりあえずは一趣味人の立場に戻ることになりました。
それにしても溢れるほどの情報に、自動車雑誌は追いつくだけで懸命といったところも無きにしも非ずです。それよりも、ユーザーの好みを敏感にキャッチし、それに即応する形で進んできている自動車業界自体、何らかの方向性を持って、何を目指していくのか、時折不安さえ抱くことがあります。再び趣味性のあるクルマが生まれるのか。趣味人間 [illegible] は大いに気がかりであり、楽 [illegible] もあるといえましょう。
閑話休題。今度は新しい季刊 [illegible] 創ることになりました。「いー [illegible]

「カニさん」を手に入れた嬉しさのあまり、クリエイター誌「AXIS」に投稿した。趣味のクルマはこれからどうなるのだろう。趣味のクルマを趣味的に語る雑誌をつくりたい。そんな夢を宣言している。なんと 40 年も前の話だ。

カニさんを選んだ理由
趣味をはじめるならば、どこか尖った先にある
クルマが欲しい。なにも高価でなくてもいい、
いや、むしろ安価なくせに趣味性が濃いクルマ…

「財布の軽い若者のためのスポーツカー」
「性能はそこそこだけれど、味覚はホンモノ」
雑誌の評判は、貴重な参考意見

それよりも、ヒット作、スプリジェットのルーツ。
世界初の量産モノコックのオープン。
そうした肩書きは、趣味にこそ重要なこと。
プリミティヴな分、情熱でカヴァして走る…
それも悪くない。
よおし、一緒に暮らしてみようではないか。

楽しい悩みの末、初めての趣味のクルマとして「カニさん」を手に入れようと決心したとき、捜しに捜して見付けた売りものの「カニさん」は 2 台。1 台は東京の中古車店に、もう 1 台は京都の老舗ショップにあった。

「お茶の先生が長く愛用しておられたクルマです」
なんと、鉄道模型界で有名な方。直接お話も伺え
「面白いですで。ぜひ乗ってみなはれ」
それで決まり、京都の「カニさん」を購入。
夜通し走って東京に持ち帰ってきた。
いきなり、いやというほどオープン満喫。

AN5L/22690

二代目のカニさん

初めての「カニさん」は半年で手許を離れていった。
そして入れ替わりに二代目のカニさんがやってきた。
あんなに綺麗に仕上がっていた白カニなのに…
機関良好、外観並の二代目になった。

半年は勉強の時間だったのだ。
いろんなことが解って、自分好みのカニさんが欲しくなった。
手をかける余地もないほどに綺麗に仕上がっていたのを
趣味だからこそ、自分の好みにしたくなった。

色はチェリイ・レッドではなくて綺麗な赤がいいなあ。
英国の専門ショップを訪ね、いろいろなパーツも手に入れた。
自分の目で得心しながら仕上げていく。
その過程も、のちのち長く乗りつづけるパワーになった。

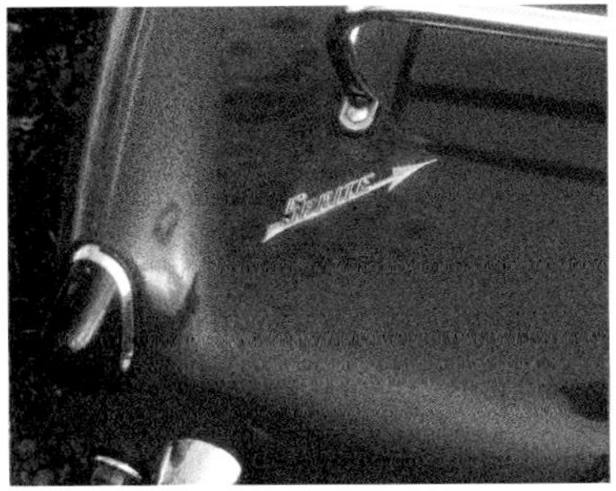

まだレストレイションというのはそんなに一般的ではなかった。紺色のカニさんを自分の好きな色に塗り替え、同時にできるだけオリジナルな状態に戻すことを目標とした。
唯一、リアにラゲッジラックを好みで追加。ここにカメラバッグを括り付けて、写真を撮りに出掛ける。そんなスタイルを夢想していたのだ。
ボディの塗色を剥がして、そんなに錆の箇所が多くないことも確認。これで長く一緒に暮らせる。「カニさん」は永遠に側に置いておきたい。
初代カニさんで早くもその決心ができていた。

二代目「カニさん」は実はいまも身近かにある。友人のデザイナーのもとで、彼の好みのボディカラーになって健在だ。右は、本棚の隅から出てきた、当時の懐かしいノート。グリスアップ・ポイントが図解されている。

「カニさん」と暮らすようになって、いろいろなことが起きた。

趣味は生活を愉しくしてくれる
趣味は生活に潤いを与えてくれる
それが実感を伴ってよ〜く解ったというだけではない。

新しい友人が一挙に増えた。
どこかにパークすれば「可愛いクルマですねえ」と声が掛かる。
同好のひとだったら、なん年式で、などと質問が
ましてや同じ英国車オーナーだったら、もう大変。
なん年くらい乗っています？　故障は？　対処法は？…
「カニさん」だけでなく、オープン、英国車とすれ違えば
お互いに頑張ってますねえ、のエール交換
趣味の仲間が増え、それだけ楽しみも増えていくのだった。

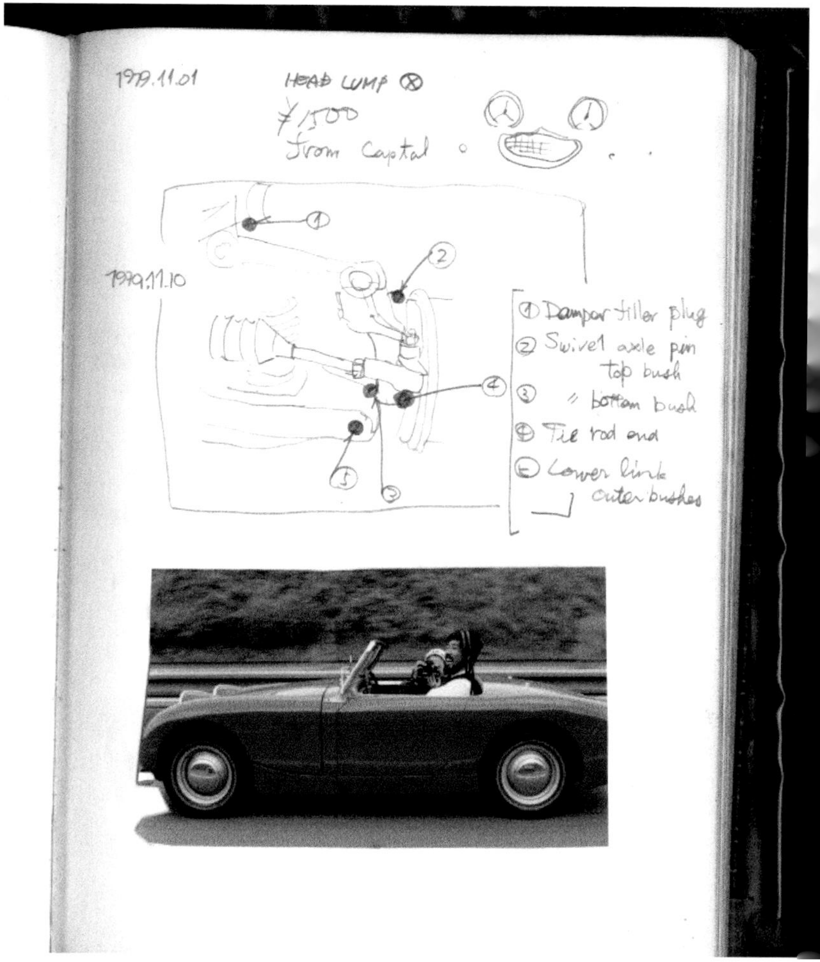

三代目のカニさん

二代目の「カニさん」はすっかり生活に欠かせぬものになった。
おかげで愉しく充実した 自動車趣味生活 が実現した。
毎日がシアワセだった気がする。

それなのに… 三代目のカニさんを手に入れるのである。
しばらくは２台のカニ目が借りガレージに並んだりもした。

米国でレストレイション途上のカニさんに遭遇。

それを引継いで、自分たちの手で仕上げてみたくなった。
もちろん、これ以上ない「勉強」にもなる。

かくして、三代目のカニさんがやってくる。

三代目になる「カニさん」は偶然北米のショップで出遇った。ポルシェかなにかのショップだったろうか、その裏手で「錆色」のカニさんに出遇った興奮で、すべて忘れてしまっている。
その「錆色」は、ショップのスタッフのひとりが自分の趣味で直しかかっていたのだが、本業の忙しさに半ば放棄しかかっている、というものだった。訊けばスペアのエンジンを含め、パーツはほぼ揃っている、直すのを引継いでくれるんなら譲ってもいいぜ、という。

前からしてみたかったことのひとつ、自分たちの手でいちからレストレイションしてみたい。それを実現するには格好の素材ではないか。
カニ目の値段より輸送費が数倍かかる、と。逆にいうと、「引継いでくれるんならタダであげてもいいくらいさ」という同好の士の好意に甘えて… 頑張るから、と固い握手をしたのだった。
それから約半年、送り状にも「車体色：錆色」と書かれたカニさんが本牧埠頭に到着したのは、まだ雪が少し残る冬の日のことであった。

カニさんのレストレイション大会

三代目の「カニさん」はレストレイションの素材。
No Rust／ と言っていたことばの通り
そのボディ、モノコックのフロアに大きな錆はなかった。
それにしても裏返しのクルマを観察するなんて
滅多な機会ではない。

カリフォルニアから届いた「錆色」のカニさんを
いったんドンガラ状態までバラし、ボディ鈑金塗装は外注、
それ以外は自分たちの手でひとつひとつ組上げていった。
（といっても、友人Ｍ君のパワーが主力だったのだけれど… ）

ひとつひとつが貴重なお勉強時間。
同時に「カニさん」のことを知っていく過程
好奇心を満たしてくれる、愉しい数ヶ月を過ごした。

トラックの荷台で揺られた錆サビのカニさん。すれ違うクルマからの注目度も抜群。エンジンほかパーツの入った木箱とセットでいったん借り車庫に収まった。

港までの引き取り、搬送をお願いしたトラックのふたりも「え､これっすか？」とびっくり顔の錆色の三代目。

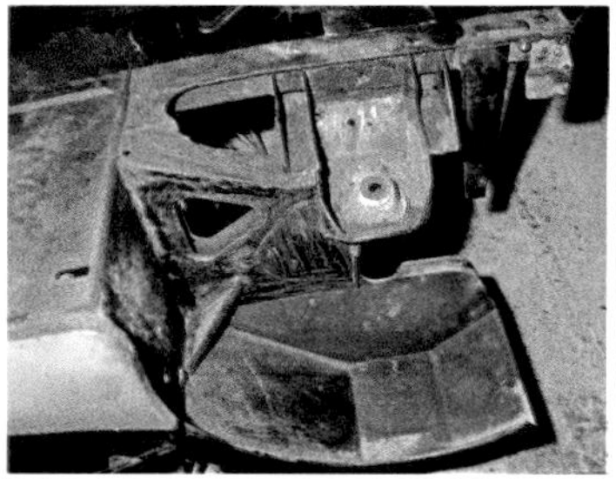

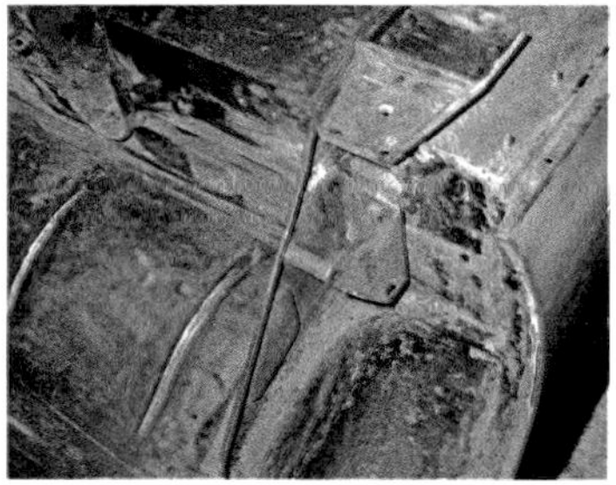

上左２点はフロント側。ギアボックスが収まり、プロペラシャフトのトンネル入口。下左がそのトンネル出口。中下がリアサスペンションのホルダーで、ここに1/4リーフ・スプリングとレヴァ式ダンパーが取り付く。上写真の大きなへこみ部分にディファレンシャルを含み、リアアクスル全体がすっぽり入り込む。
右はそれぞれに仕上げたギアボックスとエンジン。本体:緑、オイルパン:黒。

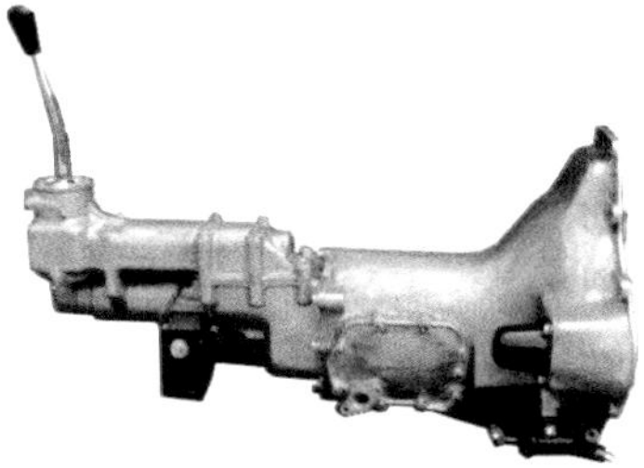

三代目はユーメー人

三代目はいろいろ考えた挙句、自分オリジナルのカラー
モーリスの標準色にあった「ポスリーン・グリーン」
そう、英国らしい陶器の淡緑色に。

鉄道好きには「伊豆急グリーン」
クルマ好きには「BMC の GN17」の少し褪せた色。
嬉しいことに舞台関係の伝があった M 君が
絶妙の緑系の内装を仕立ててくれた。
もう、すっかりお気に入りのカニさん。
早速どこへでも連れ出して、愉しみ溢れる生活が…

おかげで、ちょっとだけユーメー人（？車）に

ベータか VHS か、そんなことを競っていたヴィデオというもの自体、いまでは忘れ去られた過去のもの。「セルヴィデオ」で 5 台の英国スポーツを制作。たしか￥10000 を超える価格だったような。時代だなあ。すぐに価格破壊、さらには CD へと移行。いまや再生するデッキすら売られていなかったりする。でも、すべてが愉しい経験だった。
左は保育社「カラーブックス」の一員に加えてもらえた拙著「クルマ趣味入門」。表紙は 2 台並んだカニさんだが、それは昔むかしの「サラブレッヅ」（047 頁）の表紙からの発想だ。

AN5L/2074

auto users' monthly magazine
JAF Mate
Japan Automobile Federation
ジャフメイト
だから、車と生きてきた
いのうえ・こーいち
車の魅力って、見た目や性能だけではないんです。

「カニさん」はホントに身近かなスポーツカー。ヒョイと気軽にどこへでも連れ出せる。そういえば、「JAF MATE」誌で取材してくださったスガイさんも近所を走っているのに遭遇して、後日取材の依頼をいただいた。愉しそうに街中でも平気で走っていたから、きっと「いいクルマ生活」しているんだろうな、と思って… と。嬉しいなあ、カニさんのおかげで、その通り生活が愉しくなった。それが周囲のひとにも伝わったとすれば、まさしく冥利というもの。

カニさんのいくところ

「カニさん」と一緒にどこ行こう。
春・夏・秋・冬、東京タワーに富士の霊峰…
ひとつひとつが思い出される
カニさんがいてくれたことで、いっそう深く印象に残る。

それぞれの名所で記念撮影。左は、アシュリイという触込みで手に入れたハードトップでお大師さんへ。

桜の季節にニュウ・ミニと。気軽にどこへでも連れ出せるカニさん、上は東京都電、下は東急世田谷線。オレンジ色のフェアレディＺオープンと。右の写真は六本木にて。

3 生みの親、ヒーリーさんのこと

「カニさん」の生みの親は、ご存知ヒーリーさん父子。
手に入れたおかげで、ヒーリーさんにもお目に掛かれた。
父、ドナルド・ミッチェル・ヒーリー
子、ジェフリイ・キャロル・ヒーリー

ともに大のスポーツカー好き
米国を旅し、大きなマーケットを感じ取ったふたりは
1952 年のロンドン・ショウにプロトタイプを展示した。
その会場、視察に訪れたオースティンのボスが
人混みをかき分けててヒーリーさんのところに来て
右手を差し出し「私のところでこれをつくろう！」
スポーツカー史上に残るひとつの 伝説 …

そのヒーリー・ハンドレッドは
一夜にしてオースティン - ヒーリー 100 となり、
それがヒット作「ビッグ・ヒーリー」となった。

オースティンは次なる展開として
小型スポーツカーをヒーリー父子に委ねた。
そうして生まれたのがいうまでもない「カニさん」
スポーツカーのエンスージアストがつくった
ホンモノのテイストを持った稀代の小型スポーツ。

Donald Mitchell Healey（DMC）
1898年7月3日～1988年1月15日享年89歳
Geoffrey Carol Healey（GCH）
1922年12月14日～1994年4月29日享年71歳

ジェフリーさんにこの伝説のことを聞いた。
「その伝説はほとんど正しいね。レン・ロード（レオナルド卿）がわれわれのところにやってきてくれて、手を差し出してくれたんだ。これを自分のところでつくろう、と。その握手が合意の印だった。ただ、人垣をかきわけてというのはちょっとちがうな。ショウの開幕前の話なんだ、事実は」
上はジェフリーさんの著書（Gentry Books）。右上は亡くなるまでジェフリーさんのもとにあったラリー・チューンの「ビッグ・ヒーリー」。

「冬の快適」と題したブロシュア。折り曲げるとハードトップ仕様になるからくり付。ドナルド・ヒーリー・モーター社発行という点に注目。

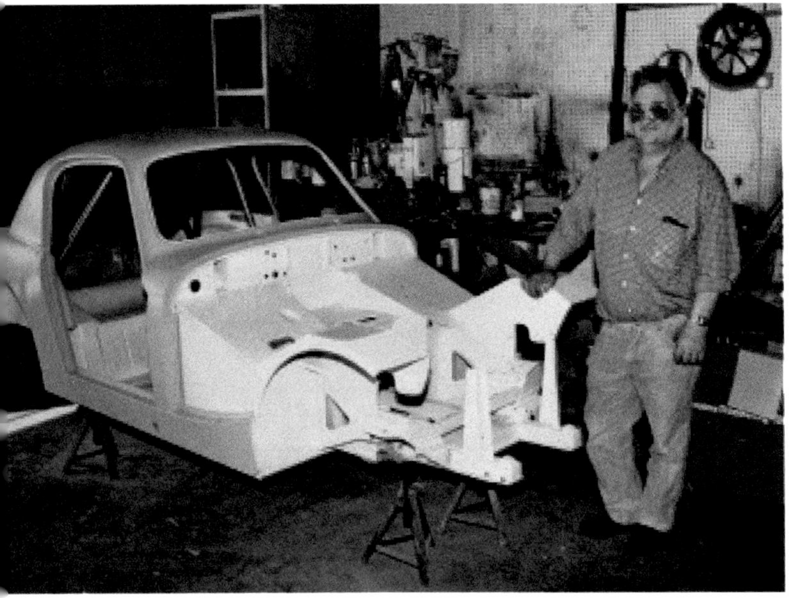

こんなひとにも出遇えた…

「わし、新車のカニさんをつくっとるんだ。見たい？」
捜しに捜してようやく辿り着いた農場。
そこの納屋風からぬぅと姿を現わしたウィラーさん
実は納屋を改造した工場で
コツコツと「カニさん」とボディをつくっていた。
「これいいだろ？」
自慢のセブリング・クーペのニュウボディ。
走り屋ウィラーさんは2ℓエンジン搭載の特製カニさんで
付近を飛ばすのが趣味らしい。
すっかり仲良くなって、幾度となく会いにいった。

Brian Wheeler さん。上は最初に会った1993年、「セブリング・クーペ」のレプリカ制作中。左はトライアンフ2.0ℓエンジン搭載のカニさん。大きな「鼻」が付いていた。その右の写真は2002年6月撮影。

初めて行ったオーストラリア、鉄道の取材で走っていたら、偶然、前の方に「カニさん」が。道路工事中で停まったのをいいことに、話し掛けてすっかりトモダチに。Henry Weinlich さんは熱心なクルマ好き。「ビッグ・ヒーリー」も持っていて、この日は息子さんとドライヴ中だった、と。楽しそう。

出遇った素敵な「カニさん」

Stan Hunfley さんの「ゼッケン 111」はファスペック社チューン。

トヨタ博物館。「特別展」で飾られた姿。

「練 5 ナンバー」手塚 宏さん （東京都）
AN5/46893

西山常夫さん（岡山県） AN5/31261

やっぱり 「カニさん」が好き

歌川和明さん（新潟県）

unknown

大沢利久さん（兵庫県） AN5/6720

市川純丞さん、北野雄太さん、武森　博さん（神奈川 / 東京）

並木正明さん（埼玉県） AN5/9677

今尾直樹さん（東京都）

新津 明さん（東京都）AN5L/27832

梶村 均さん（京都府） AN5L/26922

宮﨑千鶴子さん（神奈川県） AN5/3468

unknown

AN5L/2074

かつての熊谷市「ナミキ」店内

やっぱり「カニさん」が好き

石井恒利さん（東京都） AN5L/49120

若尾貫二郎さん（埼玉県） AN5L/36587

林田喜利人さん（神奈川県） AN5/48604

清水　清さん（愛知県） HN5/50021
（ヒーリー・スーパースプライト）

浅田朋弘さん（大阪府） AN5/44514

武久　隆さん（神奈川県） AN5/10725

中山博喜さん（東京都） AN5/12795

山本和彦さん（山梨県）　AN5/48420

森住康二さん（千葉県）　AN5/47732
（セブリング・スプライト rep.）

市川純丞さん（神奈川県）　AN5/46199

梶間　勉さん（長野県）　AN5L/16215

松永秀吉さん（東京都）　AN5L/9859

長澤　毅さん（兵庫県）　AN5/17167

北松正孝さん（神奈川県）　AN5/37285

武森　博さん（神奈川県）　AN5L/35272

杉本喜久さん（滋賀県）　AN5L/5599

亀山正人さん（岐阜県）　AN5/5897

やっぱり「カニさん」が好き

池田弘市さん（東京都）　AN5L/25258

木原幹夫さん（神奈川県）　AN5/11298

井上智正さん（埼玉県）　AN5L/4408

林　雅一さん（兵庫県）　AN5L/38780
（セブリング・ボンネット）

越後年信さん（埼玉県）　AN5L/38763

山田雅之さん（兵庫県）　AN5L/42598

光永正志さん（山口県）　AN5/35977

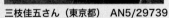

三枝佳五さん（東京都）　AN5/29739

大熊達夫さん（大阪府）　AN5/24985

塩野谷暢利さん（千葉県）　AN5L/16044

小山英樹さん（広島県）　AN5/14284

小野和幸さん（愛知県）　AN5L/12127

藤澤伸一さん（兵庫県） AN5/33819

田辺利英さん（東京都） AN5/32392

小林省吾さん（大阪府） （ヒーリー・スーパースプライト）

小池信一郎さん（群馬県） AN5L/13023

松本健吾さん（静岡県） AN5L/19017

小田島義宏さん（東京都）

やっぱり 皆
「カニさん」が好き

杉本勝弘さん（千葉県） AN5/5897
（セブリング・スプライト rep.）

杉本勝弘さん（千葉県） AN5/34586

塩見哲也さん（長野県） AN5/27063

小澤俊晴さん（千葉県） HAN5R2113
（アシュレイ・スプライト）

廣瀬龍介さん（千葉県） AN5/19050

生田繁信さん（愛知県）

箕浦圭介さん（岐阜県） AN5/18885

初めての欧州旅行で出遇った「カニさん」。オーストリア、イエンバッハにて。

合田二郎さん（神奈川県）

ダニー・ジェラルディンさん（千葉県）

やっぱり「カニさん」が好き

unknown

左は大塚 deiv 治さんのレストア前、上は英国ブライトンにて。

unknown

左３点は英国のクラブの展示。右は米国「MHCC」のレース仕様。下２点は1992年の東京でオークションに出展された２台。

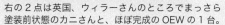

右の２点は英国、ウィラーさんのところでまっさら塗装前状態のカニさんと、ほぼ完成のOEWの１台。

「軽井沢古典車館」 AN5L/47645

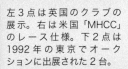

カニさんのあれこれ

「カニさん」と暮すようになって、
カニさんにまつわるいろいろに興味がいくようになった。

決していの一番に名前が挙がるような
飛び切りポピュラーなカニさんではない。
それだけに、カニさんのあれこれに出遇ったときには
すぐさま手に入れるよう心掛けた。
その結果が部屋のあちこちに溜まっている。
ひとつひとつに、手に入れたときの興奮を蘇らせて…

左上の小物たち。カップ、ピンバッジ、キイホルダー、マウスパッド、ゴム印など。左は英国で入手したクロス。50 ～ 60 年代英国車の真ん中に「カニさん」。下はデザイナーI氏がつくってくれた絵ハガキ。

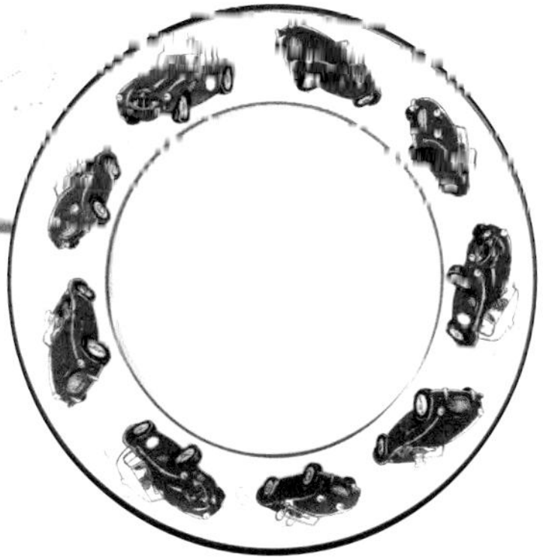

ヒーリー車が描かれたディッシュ。「カニさん」と「ハンドレッド」とオースティン・ヒーリー3000が3台ずつ。

手づくりのカニさんベストを着用して、絵に描いたような「好きですよ〜」のアピール。旧き佳き時代だなあ。

版画になった「カニさん」。キタミ工房が制作したクルマや猫などを題材にした素敵な版画作品。そのひとつ、顔をちらりと覗かせた「カニさん」に誰しも微笑まされる。

どこで見付けたのか忘れてしまったけれど、切手になった「カニさん」に出遇ったときはかなりビックリ。フェラーリの「デイトナ」と並んでいたり、どういう選択なのだろうか。

カニさんの出てくる …

「カニさん」を見付けたらすぐさま買い込む。
そうやって、カニさん関連が増えていく楽しみ
長い時間のうちに、いろいろ貯まってきた。
そうそう、いつぞやの資生堂 TV-CF
カニさんがナツコに操られていたっけ。

雑誌ではないが、資生堂「ナツコの夏」。1979 年に放映されていた TV-CF はいまも忘れられない。モデルは小野みゆき。停まる時、ブレーキかっくんだったなあ。
右上のコミックは、いくつかの特徴から、どうやら初代「白カニ」がモデルであったとおぼしい。「Hot-Dog Press」誌 1981 年 8 月 25 日号の表紙は、Bow。さん描くレース仕立ての「カニさん」が素敵だった。

右は「ROAD & TRACK」誌 1958 年 8 月号のロード・テストに掲載されたカニさん。

For those with limited budgets, a purposeful, low-cost sports car.

Trunk, spare and tools are reached from behind seats.

ROAD TEST **AUSTIN-HEALEY SPRITE**

THE PARALLELS between General Motors in this country and the British Motors Corporation in England are many. Both are the largest in their respective countries, both build close to half of all cars produced at home. Also, both build sports cars.

But whereas GM builds only the Corvette, the BMC combine has had two, the MG and the Austin-Healey. Now we have a third car to add to the list, the long-awaited Morris Minor version, first predicted in R&T back in November, 1952.

Technically, the new low-priced sports car is to be known as the Austin-Healey Sprite. It is not quite clear why: the car wasn't designed and will not be built by Donald Healey, and the only previous Sprite was a Riley model built before the war. Mechanically, the new Sprite is more Austin than anything else, with engine, gearbox, front suspension and rear axle all being developed from components originally found in the Austin A-30 (now the A-35).

As for appearance, it is obvious that BMC does not follow GM's practice of allowing its artists to relieve their frustrations by styling sports cars. These lines were developed by the body structural engineers to be simple and cheap to form, and to be adequately rigid without the formality of a separate frame. Even the British press says very little about the looks of this new baby—one writer says the shape was developed in a wind tunnel, another opines that the appearance tends to grow on you. We would be inclined to discount both reports. Incidentally, the reason for the frog-like headlights is rather simple: the original design called for concealed lights which popped up when required. Production costs were too high, and the net result has pretty well ruined what otherwise could have had a certain coltish appeal.

Appearance notwithstanding, the Sprite has some very attractive features for the prospective purchaser, among them being 1) low price, 2) comfortable seating and driving position, 3) surprisingly good performance and 4) really excellent handling qualities.

The car stands just 4 feet high with its top up. Entrance or exit is a little awkward, not so much because of the lowness as because the door hinge point is too close to the seat. It is very difficult to get an average-sized foot through the narrow space provided. Once one is seated, the amount of pedal and leg room is a real surprise—more than in the MG-A. The bucket seats are more comfortable than those in the A, but are too nearly vertical for adequate back support on long trips. The low top restricts vision at the sides.

Upraised hood bares entire front end for servicing.

Cockpit and instrument panel are starkly functional.

PHOTOGRAPHY: POOLE

The tiny 948-cubic centimeter engine starts instantly and has an authentic sports car rumble that still holds the exhaust note within legal standards. It revs freely and smoothly, with only a little vibration noticeable when decelerating. When it is pressed hard, 6000 revolutions per minute can be attained in the gears without valve lifter noise. We used 5500 rpm as a limit during the acceleration tests because the unit still seemed a little tight, even though the break-in mileage had been reached. Incidentally, the brake horsepower figure quoted in the data panel is the one supplied us, but British reports give quite a different figure of 43 bhp at 5200 rpm. We suspect that 43 bhp is accurate, and that the 48 bhp is under SAE conditions.

The clutch is light, smooth and has a short pedal travel. Its life also may be short, as it definitely slipped after the second all-out standing start test. The gearshift control is beautifully worked out and perfectly located. Unfortunately our test car's lever was so stiff that it could only be moved by brute force from neutral to 1st and from 1st to 2nd. We put over 600 miles on the car ourselves and it did not seem to be "freeing up with use," as claimed. Second gear is much too low except for those drivers who like to use an American 3-speeds-forward pattern. This shows up in the short spurt between dots on our usual acceleration chart. Third and 4th gears shift easily and are well chosen ratios for average use.

For our tastes, high gear is too low. An axle ratio of about 3.9:1 would make 70-mph cruising a little less noisy. The noteworthy silence of 3rd gear would make such a proposal quite feasible and give a brisk city-driving ratio of 5.51:1 overall, instead of the present 5.96 ratio used for 3rd. As it stands now, 4000 rpm in 4th is equivalent to 61 mph, and that's a comfortable cruising speed. Of course 5000 rpm and 76 mph is theoretically safe, but the engine is spinning a little too fast at that rate to feel really serene for hours at a time, even though experience with this powerplant proves that it can be done.

The greatest [illegible] of the Sprite is without a doubt its excellent steering and handling qualities. With a rack and pinion gear, the turns, lock to lock, are 2.3. This is quick steering, even for a sports car, but once the driver becomes familiar with it there is no objection. In fact, the steering is nearly perfect for the purpose, and light and accurate besides. Cornering characteristics are very close to neutral,

…RACK ROAD TEST 176

AUSTIN-HEALEY SPRITE

SPECIFICATIONS

List price	$1795
Curb weight	1460
Test weight	1799
distribution, %	49/51
Dimensions, length	137
width	54
height	48
Wheelbase	80.0
Tread, f and r	45.4/44.8
Tire size	5.20-13
Brake lining area	67.2
Steering, turns	2.3
turning circle	31
Engine type	4 cyl, ohv
Bore & stroke	2.48 x 3.00
Displacement, cu in.	57.8
cc	948
Compression ratio	8.30
Bhp @ rpm	48 @ 5000
equivalent mph	78.5
Torque, lb-ft	52 @ 3300
equivalent mph	51.9

PERFORMANCE

Top speed (4th), mph	78.5
best timed run	79.5
3rd (5930)	66
2nd (6000)	40
1st (6000)	26

FUEL CONSUMPTION

Normal range, mpg	29/38

ACCELERATION

0-30 mph, sec	4.7
0-40 mph	8.8
0-50 mph	13.8
0-60 mph	20.8
0-70 mph	35.5
0-80 mph	
0-90 mph	
0-100 mph	
Standing ¼ mile	21.8
speed at end, mph	62

GEAR RATIOS

O/d ( ), overall	
4th (1.000)	4.22
3rd (1.412)	5.96
2nd (2.374)	10.0
1st (3.628)	15.3

TAPLEY DATA

4th, lb/ton @ mph	190 @ 48
3rd	265 @ 42
2nd	400 @ 30
1st	460 @ 22
Total drag at 60 mph, lb	75

CALCULATED DATA

Lb/hp (test wt)	36.7
Cu ft/ton mile	71.4
Mph/1000 rpm (4th)	15.7
Engine revs/mile	3820
Piston travel, ft/mile	1910
Rpm @ 2500 ft/min	5000
equivalent mph	78.5
R&T wear index	73.0

SPEEDOMETER ERROR

30 mph	actual 29.4
40 mph	39.2
50 mph	48.8
60 mph	58.7
70 mph	68.6
80 mph	77.0
90 mph	
100 mph	

INTRODUCING
an entirely
new
sports car!
Austin-Healey
'SPRITE'
This sassy little brother to the
Austin Healey 100-Six sets a new high
in 948 c.c. performance... a new low in cost!
($1,795. p.o.e. New York)
Ask your dealer for details on the new
Austin Healey 'Sprite' today!
hambro AUTOMOTIVE CORPORATION
OTHER ROAD TESTS
FEATURES
COMPETITION
SALON
DEPARTMENTS
THE COVER

「ROAD & TRACK」誌のお気に入りのページ、裏表紙の前ページのいつもの一枚の写真。「PS」というタイトルも洒落たページがあった。その1962年4月号はなんとも衝撃的な…
上は表2（表紙の裏）に掲載されていたカニさんの新発売広告。ヒストリックカー好きにお馴染み「サラブレッド＆クラシックカーズ」誌の1976年10月号の表紙。10年近く経って、[illegible]をやっと実現できた。

PS
LOS ANGELES TIMES PHOTO
Rolling on eight, the hard way, seemed to be
Miss Gordanna Hubbard's goal when her Sprite up-ended
Jack Berweiler's Plymouth on the rain-swept
San Bernardino Freeway in Los Angeles. Miss Hubbard
escaped with a cut on the head and, apparently, no other injuries.

小さなカニさん

小さな「カニさん」…
モーシワケないけれど熱心なコレクターではない
だから、すべてが揃っているワケではない。

でも、出遇った気にかかったものを手に入れていたら
いつの間にかこんなに集まっていた。

そういうわけだから「全揃い」ではないけれど
ひとつひとつにちゃんと思いは詰っている。
同好の相手だったら、小さな「カニさん」を肴に
たっぷり愉しい時間が過ごせるアイテム。

いいなあ、好きなモノがあって、
それに熱中できるなんて…

上の小物、大は 1：24 プラ模型から小は 1：80 自作品まで。左下のズラリはミニ「チョロ Q」のミニを改造して各色揃えた、そのすぐ上トップを被っているのは英国ラウンズダウン・モデルス社製、そのとなりマイカンスー製、右は K ＆ R レプリカ製キットを組んだ 1:43。K ＆ R はプロポーションが当時最良だった。

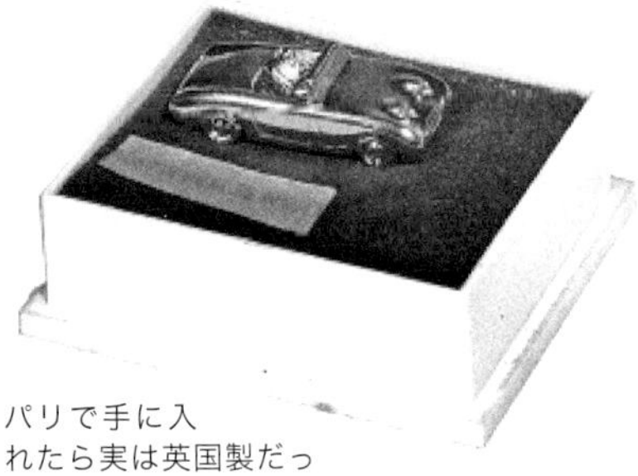

パリで手に入れたら実は英国製だった、というタイピン。

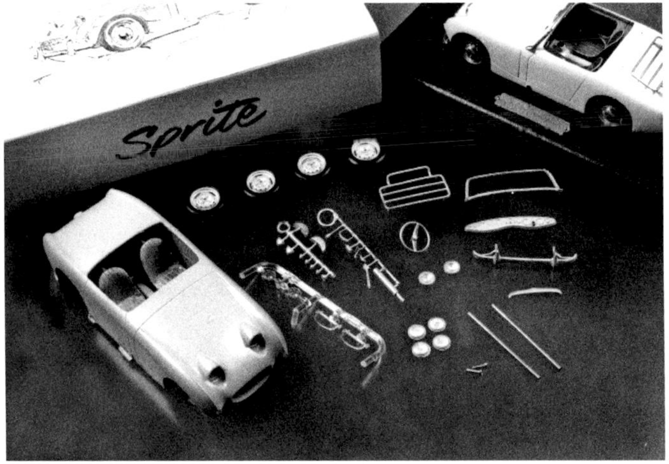

右はかつて恵比寿にあったクルマ好きの殿堂「Mr. クラフト」（1975 ～ 2008 年）で入手した 1：24「カニさん」。レジンを使った、いわゆるガレージ・キットのハシリのひとつで、制作は「ヨヨギ モータークラブ（Y.M.C.）」という、いかにも趣味人作品らしいもの。つい最近、なんとこの箱絵を描いたのは、のちに自身もモデルを制作する大塚 deiv 治さんと判明、話を訊いた。世の中狭いなあ。

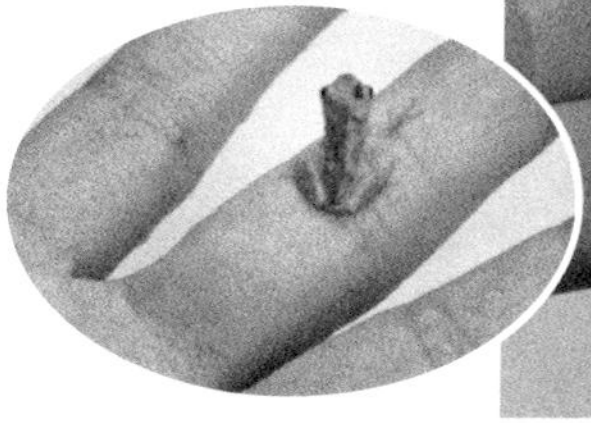

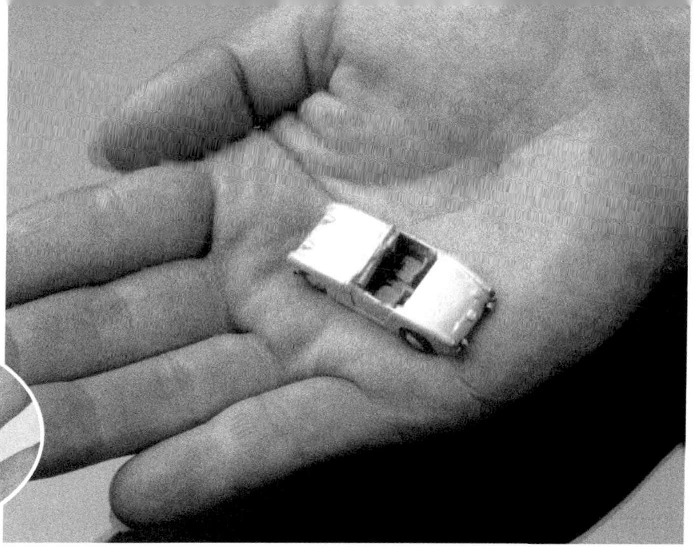

一番の感動表現は、それの模型をつくること… モデラーはそういう性格を持っているらしい。「カニさん」好きが高じて小さな模型をつくった。右の手のひらが完成形。左がそのキット状態と組見本。図面も、定規すら使わず思い立った意欲そのままに真鍮板でつくった「原型」を、ロストワックス工法で複製したもの。まだバリ付状態の部品が並ぶ。中上は英国クラブ頒布のペンダント・チャームと…。同じポーズで撮りたかったが、生きた frog はいうことを聞いてくれないなあ。

下は気になる「カニさん」モデル三点。左は「マイカンスー」の1:43。そのむかし、「メイクアップ」がモデルカーの輸入販売をはじめたころ、初めて入手できた「カニさん」。マイクとスーがつくったガレージ・キット。形はいまいちだが許せる温もりある製品。中は「カニさん」プラ模型の古典というべき「エアフィックス」の1:32のプラキット。のちに箱入り製品にもなった。右はようやく国産プラ製品として1985年発売の「グンゼ」1:24キット。一部部品を金属部品にするなどした「ハイテク・キット」と称するもの。組立見本は友人がつくってくれた。

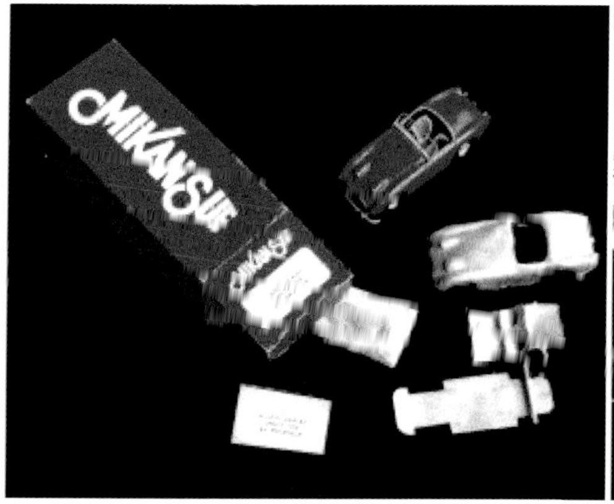

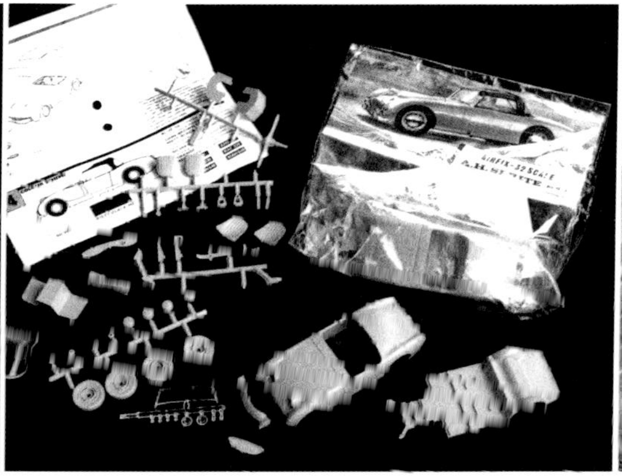

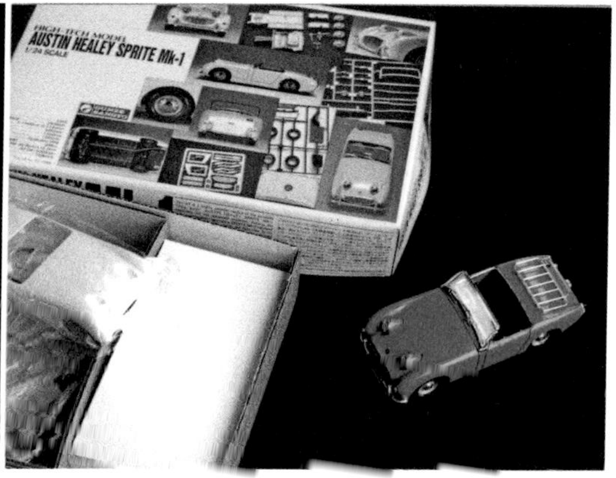

「カニさん」の作品に…

いくつかの展覧会で「カニさん」に出遇った。

張り詰めた作品が並ぶなか
その一角だけはなぜか温かい気持になるゾーン
「カニさん」がモティーフになっていた。
モデルカー、イラストレイション…
「カニさん」は作品の題材にもなっているのだった。

「カニさん」に載ったカニさん
じつはこれ、四国のＫさんがつくって
くれた手づくり作品
とても素敵な風合いの持ち主。

巣箱なのにとても戸外には出せない、
飾り棚の住人に…

そのむかし、暗室作業でなにか面白いものがつくれないかと、あれこれ細工したのが、いまではパソの画面上でなんでもできてしまう。「カニさん」は誰が見てもカニさんなので細工しやすい。というわけで、パソに向かうこと数時間。スパッタリング、ソラリゼイションなどが混ざったような作品、完成。

世良田 聡さん

長さわずか5cmたらずの小さな「カニさん」。紙粘土によるすべて手づくりの「ミニカー・スカルプチュア」と称する作品。実にいい雰囲気。

市原三千男さん

ミニカーではなくモデルカーといって欲しい。ときに金属でスクラッチするほどのモデルカー・クリエイターの手になる1/32「カニさん」。SWASH DESIGN 製のレジンキットを素晴しいクウォリティで仕上げた。ウインドスクリーン、フロントグリル、ランプなど自作。

大塚 dciv 治さん

左の「カニさん」の生誕60年を描いたイラストレイター、デザイナーが制作した1/32のスロット・カー。048ページ、わが国初の「カニさん」ガレージキット相松は[illegible]初仕事だった。自身は熱心なカニさん愛好家でもある。

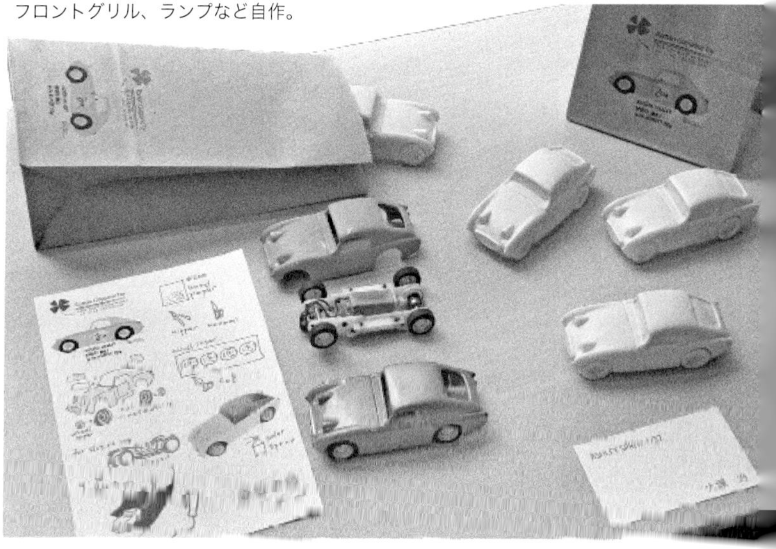

カニさんの「カニ目」仲間

「カニさん」の愛称の由来ももちろん飛び出したその目
それに微笑んだ愛嬌のある顔付き。
そんなカニさん顔に似たトモダチはなんだろう。
すぐさま名前が挙がるのは同じ英国スポーツのいくつか
「トラ 3」にジャガー XK-120、スーパー・セヴン…

そこはアマノジャクの話のタネ
小さなアメリカン、クロスリイから「グループ B」カー、
果ては「三つ目」の怪人まで現われた。

でもやっぱり「カニさん」が一番カワユイなあ。

米国に珍しいマイナー・ブランドのスポーツカー。724cc エンジンを搭載した 2 シーターは米国版「カニさん」のキャラクター。戦後間もなくから 1950 年代に掛けてつくられた。

左のフォード RS200 は「グループ B」のスーパー性能なのに顔付きが温和でいい。イラストはクロスリイ・ホットショット。上ははてさてなんでしょう？　右は「三つ目」の怪人ことタトラ。V8 エンジンをリアに搭載する先進のモンスターだ。

丸く飛び出した目玉の持ち主… お馴染みのシトロエン 2CV や北米仕様のフィアット 500、ロータス・セヴンなどが思い起こされる。モノの本によると、「カニさん」はデビュウ当時、トラ 3 やジャガー XK-120 に似ている、という評判だったそうな。それは当たり前過ぎてしかも微笑んでいないし、カニさんの個性的な顔は独特なんだけれどなあ、などといいつつ、飛び出し目玉を思い起こしていた。
上は、大好物のマイナー・スポーツカー、マーコス gt。アシュウッドのシャシーに FRP ボディは、ガルウイング・ドアを持つ。右はメッサーシュミット KR スーパー 200 速度記録車。小さな目がなんとも…
忘れていた。左ページの答。シュタイア 50 という小型車。戦前 1930 年代のヒット作。なんといっても、目玉周辺の処理が実に優美で、思わず釘付けに。

飛び出した目玉の持ち主として、このポルシェ 928 を忘れてはいけない。全体がヌメッとした完成度の高いフォルムなのに、ヘッドランプのみがまさしく取って付けたよう。「カニ目」ランプの後頭部はいつも EF58 電気機関車を思い起こさせる… のはワタシだけだろうか。

5

ヒーリー父子の初期の作品、ヒーリー・シルヴァストーン。1949～51年に105台がつくられたという。路上でもサーキットでも使えるスポーツカーとして、重宝された1台。

なぜ「カニさん」のような個性的でテイストフルなスポーツカーが生まれ得たのだろうか。そこにはまさしく奇跡のようなバックグラウンドがあった。ヒーリーさん父子という本当のクルマ好きがいて、大会社のオースティンとの出遇いがあって、しかも英国の自動車業界のタイミングが重なった。

先に「ビッグ・ヒーリー」という出世作がつくられ、それは大きなヒットを生んだ。その信頼関係からヒーリーさんに次なる小型オープン・スポーツカーの企画依頼があった。それとて、提案する試作車が「おメガネ」に適わなければそこまでだったろうに。すべてがみごとに組合わさって、希有の小型スポーツカーが世に送り出された。

その誕生の物語は、旧き佳き時代のクルマ世界を夢想させてくれる。

● 父ドナルド、子ジェフリイ ヒーリー父子のこと

「カニさん」の生みの親であるドナルド、ジェフリイの父子を中心にドナルド・ヒーリー・モーター（のちヒーリー・カーズ）社が設立されたのは、戦後、間もなく1946年のことであった。

それまでも、航空機を含むのりものに興味を持っていた父子は、早くからラリーに参戦し、好成績とともにすっかりモータースポーツの愉しさを実感していた。ドナルド･ヒーリー（DMH）は、戦争が終了するや、長男、ジェフリイとともに自らの目指すスポーツカー生産を目論んだのである。父48歳、子24歳のときである。

そして最初に行なったことは、父子による米国横断旅行であった。1948年､豪華客船「クウィーン・エリザベス」でニューヨークに降り立ったふたりは、陸路、大陸横断を果たす。その途上で、少なからぬ数の米国自動車界の要人と面会した。のちのちメルセデス・ベンツ300SLやポルシェ356スピードスターなどの仕掛人として知られるマックス・ホフマンも含まれていた。

その旅行は父子にとって大変意義のあるものであった。遥かに大きな自動車マーケットを有する米国では、均質の製品を大量に一気に送り込むことが重要であった。そのためには、個性的なバックヤード・ビルダー的なクルマではなく、量産できるスポーツカーが必要だったのだ。

ふたりの得た結論を先に聞いてしまうと、先の「ビッグ・ヒーリー」ももちろん「カニさん」もその彼らの結論に叶った、量産スポーツカーであることがよく解る。量産であってもそこにきっちりとしたホンモノの「テイスト」が盛り込まれていること、量産のために大企業と組んで均質廉価なパーツを用いること、その相反する事項をうまく両立させたところにヒーリーの企画したクルマの真骨頂がある。それがことごとくヒットにつながるのだから、一躍ヒーリー父子は時の人にもなった。

「われわれはモーガンとも、のちのロータスともちがう道を歩んだ」

ジェフリイさんに伺ったことばのなかで、強く印象に残っているひとつだ。

● ロンドン・ショウでの握手

1952年のロンドン・ショウ。先にも述べたように、そこに改名したヒーリー・カーズ社は、一台のプロトタイプを出展した。オースティン社の2.7ℓエンジンを搭載したオープン・スポーツカー。それは、米国でいち早く成功を収めようとしていたジャガーXK-120につづくマーケットを窺っていた。私見をいわせてもらうなら、ジャガーが英国的なテイストを残していたのに対し、ヒーリーはより米国の好みを吸収していた、という気がする。スタイリングも英国車というよりスポーツカーとしてダイナミックで格好がよかった。

そのショウの会場で、オースティンのボスであったレン・ロード（レオナルド卿）が「よし、私のところでこれをつくろう！」と握手したことは前にも書いた通りだ。ヒーリー・ハンドレッドは一夜にしてオースティン - ヒーリー・ハンドレッドに名を変え、そのショウの注目を一身に浴びた、という。

1953年に本格的生産がはじまった「ビッグ・ヒーリー」ことオースティン - ヒーリー100はいきなりのヒット作になった。ヒーリー・カーズ社の生産能力がせいぜい年産500台だったところに、オースティンでつくることによって、それよりひと桁大きな数字を可能にし、そしてその通りにヒットした。ヒーリー・カーズ社ではラリー、レース用の特装車や速度記録車をつくり、各地のレースなどで大いにオースティン - ヒーリーの名を高めた。速度記録の挑戦はメインのマーケットである米国で行なわれ、DMH自身がステアリングを握ってみせたりした。

オースティンの有力な協力ブレインと認められたヒーリー父子は、しばしばオースティンの上層部と話を交わすことになる。そこでテーマにあがったのが、小さなスポーツカー、だった。いってみれば、ビッグ・ヒーリーは上級のスポーツカーだ。この先、クルマが広く一般化していくとともに、より安価で大量に売れる小型スポーツカーのニーズが出てくる。まずは、その先鞭をつけたい… というような発想から新しいテーマが与えられたのだった。1956年のことである。

● 小さなスポーツカーの計画

「ビッグ・ヒーリー」はオースティンA90のエンジンでスタートした。それは、オースティンの持ち駒のなかでも、もっとも大きな部類であった。逆に小さなエンジンの持ち主としてオースティンA30があった。それは1951年に4気筒OHV803ccエンジンを搭載する小型サルーンだったが、1956年になってその上級版A35が948cc、34PSエンジンとともにデビュウする。

それはヒーリー父子にとってて絶好のアイテムとなった。プロトタイプ製作の許可とともに、エンジンをはじめとする必要なコンポーネンツの供給をオースティンから受けるや、ヒーリー父子は一目散で2台のプロトタイプ製作にかかる。エンジンとともに、フロント・サスペンション、ディファレンシャルを含むリア・アクスル一帯などが、

「カニさん」よりひと足先に実現した「ビッグ・ヒーリー」。その初期型オースティン - ヒーリー100とレーシング100S。ヒーリーさんの本領発揮。

1950年代のオースティンの小型サルーン、A30。直列4気筒OHV803ccエンジンが搭載されていたが、1956年にひと回り大きな948ccエンジン付のA35が登場し、それが「カニさん」にトレードされた。

「Q1」と名付けられたプロトタイプの1台。なんとリトラクタブルのヘッドランプが付いていた。結局はコスト、重量などの点でもうひとつの「Q2」、すなわち「カニさん」が採用されたのであった。ドア、ボンネットは外ヒンジ、エンブレムも独特だ。

オースティン A35 からトレードされた。

シャシーは新たに設計され、ヒーリーと親しいジョン・トンプソン・モーター・プレス社でつくられた。6 週間の期限内に 2 台のシャシーをたった 50 ポンドでつくってくれることになった。やりがいのある仕事、先の見込める仕事に燃えて協力を惜しまなかった、ということだ。軽くチューニングされたエンジンをシャシーに搭載するや、ヒーリー父子はお気に入りのプライヴェート・コースに走り出して行った、という。

スポーツカーにはテイストがなくてはならない。そのためのチューニング、コンポーネンツ選択はだいじな項目であった。

オースティン A35 のステアリングを使ったハンドリングがどうしても気に入らない。父子の判断で、モーリスのものに交換された、などはその一例だ。こうして、小さいけれどもホンモノのスポーツカー・テイストを備えた小型スポーツが、次第に形になっていく。

これが「カニさん」のブロシュア。縦横に二つ折りされる全 8 ページ構成。上の「Q1」のヘッドランプが飛び出した状態で固定され「カニ目」に。

気になるボディ・スタイリングは、ヒーリー・カーズ社のゲリー・コーカーが担当した。Q1、Q2 と名付けられた 2 台。そのうちの Q1 は、「カニ目」ではなかった。

なんと、ポップアップ式のヘッドランプが仕込まれていたのだ、という。小さなスポーツカーには地上 26 インチ（約 66cm）以上という規定を満たす、ヘッドランプ装着場所は見当たらなかった。ヒーリー考案のポップアップ式とそれをアップ状態で固定した Q2 のふたつが提案された。ヒーリーさんの推しはもちろん Q1 の方だった。

しかし、選ばれたのは Q2、すなわち「カニ目」の方。コストダウンと少しでも軽量であることがその理由であった。かくして、「カニ目」スタイルが選ばれたのである。その決定が行なわれたのは、密かに「クレムリン」と呼ばれていた最高決定会議。もちろんプロトタイプ全体が否決される可能性もあった。そこで、賞賛の上、量産が決定されたのだから、大いに喜ぶべきことであったろう。時に 1957 年 1 月 31 日のことであった。

● モーリスで塗装し MG で生産

量産決定の間もなく、ADO13（ADO= オースティン・ドロウィング・オフィス）というコード番号が与えられた。ミニは ADO15、その姉貴分として ADO16 の名で親しまれているモデルもあった。型式 H-AN5、モデル名もオースティン - ヒーリー・スプライトとされ、当初はロングブリッジのオースティン社で生産予定であった。

しかし、じっさいの「カニ目」の生産は、各社が得意分野を受持つ、分担作業になった。実にドリーム・ティームのような各エキスパートの手で行なわれたのである。具体的にはこうである。

シャシーはプロトタイプを1台50ポンドでつくった功績から、ジョン・トンプソン社に外注されることになった。オープンカーで初めてのモノコックは、プロトタイプでみごと合格の判断が下されていた。そのジョン・トンプソン社のあるウーヴァハンプトンから、スウィンドンにあるプレスド・スティール社に移され、ボディが架装される。プレスド・スティール社はジャガー、R-Rなどをつくる英国の代表的カロッツェリアのひとつだ。そこから、塗装はカウリイにあるモーリスに持ち込まれる。モーリスの塗装は定評があり、BMCにあって、とりわけ丈夫といわれた。

エンジンはコヴェントリイにあるモーリス・モータース社でチューニングされ、最終アッセンブリイを行なうMGに運び込まれ、他のコンポーネンツとともに、組上げられたのだった。コスト的には£450が目標だったところ£455となったのは、5回にもわたる運搬料が含まれているからではないか、といわれたほど。

しかし、小さなスポーツカーの企画は大当りであった。1958年5月20日にモンテ・カルロでプレス発表された。生産は1958年3月から1960年11月まで行なわれ、その生産台数は50000台近く（48999台とも48987台ともいわれる）になるが、80%近くが輸出された。

功績は「カニさん」にとどまってはいない。1961年、モデルチェンジを受けるに際して、戦前からの歴史的スポーツカー、MGミジェットを名乗って「バッジ・エンジニアリング」されることになったのだ。バッジ・エンジニアリングとは、基本的に同じモデルを複数のブランドで生産販売することで、バッジのみを交換してちがうモデルに仕立てることをいう。ミニやADO16など、いくつものブランドが合併して大BMC（ブリティッシュ・モーター・コーポレイション）を形成していた英国お得意の手法であった。「カニさん」の個性からすると凡庸に思えるスタイリングで登場したオースティン - ヒーリー・スプライト、MGミジェット（併せて「スプリジェット」と呼ばれたりする）は、広く販売を伸ばした。

二代目、初代を表わすMkが付けられ、オースティン - ヒーリー・スプライトMk-II、MGミジェットMk-Iはそれぞれ4万台、2.5万台以上を送り出し、さらにマイナーチェンジを繰返していく。当初はスプライトの方がメジャー。そして1980年までに35.4万台という二人乗りオープン・スポーツカーとしては異例のヒットを示した。

● いくつかの知りたかったこと

1994年に急逝されるまでに、ジェフリイさんには二度のけっこう長時間のインタヴュウを含み、幾度かお目に掛かることができた。それまで書物等で見聞していたことだけでなく、いくつかの知りたかったことをお訊きした。

上が新登場のMGミジェット。同時にスプライトはMk-IIにチェンジした。下はマイナーチェンジしたスプライトMK-III。三角窓が付けられた。それにしても同じイラスト使用とは。

オースティン - ヒーリー・スプライト Mk-IV のブロシュア。下は本来なら Mk-V にあたるはずだが Mk-IV が継続された。一番下は同じ図柄ながら、ヒーリーは訣別したあとで、オースティン・スプライトになっている。

「カニさん」が「スプリジェット」にフェイスリフトしたときのこと。

「モデルチェンジを繰返して、つねに話題を保つこと… っていのは米国の当り前の手法。だからフェイスリフトの準備も早くから行なっていた、スケジュール通りにね」

── あの個性的で愛嬌のある「カニ目」が普通の顔になって落胆はしなかった？

「うーん、われわれはレース活動の方が忙しかったからなあ。次の Mk-II は MG とも一緒になるので、一般受けすることも必要だったんだろう」

── 僕ら愛好者は、「カニ目」でなくなったことに、大いにがっかりしたんですよ。でもその分、「カニ目」は際立つ存在になったともいえますが。

ところで、その設計にあたっては、伝説があります。前半分をヒーリーに、後半分は MG のチーフ・デザイナーだったシドニー・エネヴァに、しかも相談なしにリデザインすること、という命だったそうですが？

「ははは、長年の友人シド（エネヴァの愛称）とわしらの間で秘密にしろ、と言ったってなあ。そういう命令があったのは事実だが、どう考えてもクレイジーな話だろ？ 神様かクレイジーにしかできない話さ。

われわれはそのどちらでもなかったから、少しずつ相談しながらまとめたさ」

ヒーリー社のデザイナーは「カニさん」のときのコーカーから、トライアンフ社にいたレス・アイルランドに代わっていた。そんなこともあったからかもしれないが、意外なほど「カニ目」に対する執着はなかった。

── 1970 年代に入るやヒーリーさんはオースティンと訣別します…

「だいたい、レイランドと一緒になったのが間違いだったんだ」

いくつものブランドが大同団結して形成されていた BMC は 1966 年にはジャガーも加えて BMH に、さらに 1968 年にはバスやトラックを得意としていたレイランド社と合併し、BL 社（ブリティッシュ・レイランド）を形成する。米国をはじめとする大資本の参入に対抗した、英国民族資本が生き残る唯一の手段であった。レイランドにはトライアンフやランドローバーも含まれていたが、スポーツカーへの理解は薄い。しかもすでに英国の自動車産業は大きく遅れを取っていた。

1968 年に「ビッグ・ヒーリー」の生産中止、米国におけるそのマーケットは、わが日産フェアレディ Z がそっくり受継いだ。「ビッグ・ヒーリー」はなぜチェンジを考えなかったのだろう。

「いや、考えていなかったわけではないんだ。オースティンをはじめとする上層部は、相次ぐ合併で力を失っていたし、会社には新車開発の余裕などまったくなかった。

とくに愉しみのためのスポーツカーなんて…」

たしかに、のちのち、「ビッグ・ヒーリー」の面影を持つクーペのスケッチを見たことがある。

ビッグ・カンパニイの巨大な波に、ヒーリー父子の情熱も呑み込まれてしまった。残っていたオースティン-ヒーリー・スプライトMk-IVは1971年早々に、オースティン・スプライトに名前を変えヒーリーはオースティンとの訣別をしたのだった。

● その後のヒーリーさん

オースティンと袂を分かったヒーリーさんは、次なる展開を模索する。

FRPボディの上級サルーンを得意とし、1960年代にはジェンセン・インターセプターなどをつくっていた、ジェンセン兄弟のジェンセン社と組んで、その名もジェンセン・ヒーリーを送り出したのは1972年のことだ。

ロータスのDOHC 2.0ℓ、140PSエンジンを搭載したオープン2シーターは1976年までに1万台を超える「量産」を果たした。

しかし、それも一段落すると、こんな「とっておき」の計画も薦められた。FRPでそっくり「ビッグ・ヒーリー」のボディを再現し、それにローヴァ3.5ℓのV8エンジンを搭載。その名もヒーリー3500Mk-IVとしたのだ。そう、オースティン-ヒーリー3000Mk-IIIのリヴァイヴァルを狙ったのである。1989年のことである。

いうなれば父ドナルドが他界した後、ジェフリー・ヒーリーさんの積年の夢、というようなものだったかもしれない。しかし、ジェンセンからの「ヒーリー」ブランド使用に関してクレームがあるなどして、実現しなかった。

それからまたしばらくの時が経過する。

1993年には「スーパースプライト」計画が持ち上がる。ヒーリーさんの意見も聞きつつFRPボディ、1.3ℓエンジン搭載の「カニさん」が、英国南部ワイト島で組立てられた。翌1994年4月には日本でも発表会が行なわれたが、その後のヒットにはつながらなかった。

その「スーパースプライト」発表会のわずか半月ののちのこと、ジェフリーさんは急逝してしまうのである。予期せぬ突然の訃報、であった。無類のクルマ好きの父子。時代を超えても、スポーツカーだけをつくりつづけて生涯を終えた。

「カニさん」を見るにつけ、図抜けた性能でなくてもいい、ホンモノの味覚がいかに大切なものか、つくづく思わされる。ヒーリーさんのようなひとでなくては、この味覚はつくり得ない。佳き時代に生まれたスポーツカー。幸運なオーナーは、だいじに後世に伝える役を果たしたいものだ。

ジェンセン-ヒーリーはジェンセン社と組んでつくったオープン2シーター。ロータス製2.0ℓエンジン搭載、1972～76年に1万台以上を生産。

ヒーリーさんは「ビッグ・ヒーリー」ボディをFRPでつくり、ローヴァ社製V8気筒3.5ℓエンジンを搭載したヒーリー3500Mk-IVを計画するも、ブランド名にジェンセンからクレームがつけられて、量産には至らず。

1993年、鋼管シャシーにFRPボディの「カニさん」、ヒーリー・スーパースプライトを送り出す。わが国でも発表会が開かれ、ジェフリーさん夫妻も初来日を果たした。写真は生産拠点であるワイト島で撮影したもの。

AUSTIN - HEALEY SPRITE Mk-I

GENERAL DATA

LUBRICANTS & CAPACITY

Engine sump	3.41 litre (6 Imp.pints)
Filter	0.57 litre (1 Imp.pints)
	BP Energol S.A.E.30(above 0°C)
	BP Energol S.A.E.20(0°C ～ -12°C)
	BP Energol S.A.E.10(below -12 °C)
Transmission	1.33 litre (2⅓ Imp.pints)
	BP Energol S.A.E.30
Rear Axle	1.0 litre (1¾ Imp.pints)
	BP Energol E.P.S.A.E.30
Steering Rack	BP Energol E.P.S.A.E.30
Oil Nipples	BP Energol E.P.S.A.E.140
Fuel Tank	27.3 litre (6 Imp.galls)
Cooling System	5.68 litre (10 Imp.pints)

LEADING DIMENSIONS

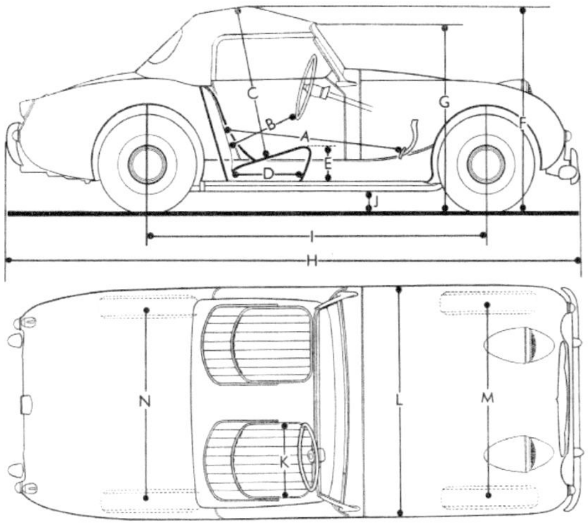

Pedal to seat squab ·· ·· ··	A	3 ft. 3¼ in.	(1.00m)
		3 ft. 7¼ in.	(1.10m)
Steering wheel to seat squab ··	B	1 ft. 2 in.	(0.36m)
		1 ft. 5 in.	(0.43m)
Height over seat ·· ·· ··	C	2 ft. 10½ in.	(0.88m)
Seat cushion depth ·· ·· ··	D	1 ft. 7 in.	(0.48m)
Seat cushion above floor ·· ··	E	7¾ in.	(0.20m)
Overall height (hood up) ·· ··	F	4 ft. 1¾ in.	(1.26m)
Overall height (hood down) ··	G	3 ft. 8¼ in.	(1.12m)
Overall length ·· ·· ··	H	11 ft. 5¼ in.	(3.49m)
Wheelbase ·· ·· ·· ··	I	6 ft. 8 in.	(2.03m)
Maximum ground clearance ··	J	5 in.	(0.13m)
Seat cushion width ·· ·· ··	K	1 ft. 5 in.	(0.43m)
Overall width ·· ·· ··	L	4 ft. 5 in.	(1.35m)
Track (front) ·· ·· ·· ··	M	3 ft. 9¾ in.	(1.16m)
Track (rear) ·· ·· ·· ··	N	3 ft. 8¾ in.	(1.14m)
Turning circle ·· ·· ··		31 ft. 6 in.	(9.60m)
Approximate weight (kerbside) ··		13 cwt.	(660kg)

ENGINE

Number of cylinders ..	Four
Capacity	57.87 cu.in. (948 cc)
B.H.P.	43 b.h.p. at 5200 r.p.m.
Torque	52 lbs./ft. at 3300 r.p.m.
Bore	2.478 in (62.9mm)
Stroke	3.00 in. (76.2mm)
Compression ratio	8.3:1

IGNITION

Type	Lucas 12 volt coil
Distributor type	Lucas DM2 PH4
Coil type	Lucas LA12
Sparking plug type	Champion N5
Sparking plug gap	.024 in. to .026 in. (.6196mm to .6604mm)

FUEL SYSTEM

Carburettors type	Two S.U. H.I. Semi down draught
Tank capacity	6 gallons (27.3 litres)
Air cleaner	Twin 'Pancake'

CLUTCH

Make	Borg and Beck
Type	Single dry plate
Diameter	6 ¼ in. (16 cm)

GEATRBOX

Type	Synchromesh on 2nd.,3rd. and top
Type of gear	Helical constant mesh
Gear ratios:	
First	3.627 : 1
Second	2.374 : 1
Third	1.412 : 1
Top	1.0 : 1
Reverse	4.664 : 1

REAR AXLE

Ratio	9/38

REAR SPRINGS

Type	1/4 elliptic
Number of leaves	15

STEERING

Type	Rack and pinion
Ratio	2 ¼ turns, lock to lock

FRONT SUSPENSION

Type	Independent by coil and wishbones
Caster angle	3°
Camber angle	1°
Swivel pin inclination	6 ½°
Shock absorber	Lever Hydraulic

BLAKES

Make	Lockheed
Handbrake	Mechanical on rear wheels only
Drum diameter	7 in. (17.78 cm)

ELECTRICAL

Generator:	
Make and type ..	Lucas C39 PV2 with extended drive for tachometer
Maximum output ..	13.5 volts 19 amps.
Windscreen wiper:	
Make and type ..	Lucas DR2
Fuse unit	
Make and type	Lucas SF6 2 live, 2 spare fuses
Headlamps	
Make and type	Lucas model F700
Rear flasher	
Make and type	Lucas No.382
Stop tail lamps	
Make and type	Lucas No.380

061

TYRE

Tyre sizes	5.20 x 13 Tubeless
Pressures:	
Front	18 lbs./sq.in. (1.27 kg/cm2)
Rear	20 lbs./sq.in. (1.41kg/cm2)

WHEELS

Type	13 in. ventilated steel disc with 4 stud fixing

あとがきに代えて… 武森さんのこと、クラブのこと

武森さん宅のヒーリー・グッヅが所狭しのリヴィング。上は、現在の「ビッグ・ヒーリー」の前に使っていた、という手づくりの郵便受け。カワユイ。

　いまさらでもないけれど、やはりクルマは面白い。クルマを仲立ちとして、多くの人と知り合い、またいっそうクルマが楽しくなっていった。そんな知り合えた人の中でヒーリーとなればこの人、武森 博さん。そもそも初めてお目に掛かったのは… そうだ、40 年以上も前のこと。学校の先生をされている武森さんが、同じ英国車、ミニをお持ちだということでお訪ねした。

　ミニは「カニさん」になり、さらにビッグ・ヒーリーになって、すっかり「ヒーリーの武森さん」になっていった。

　ワンメイクのクラブ、「オースティン-ヒーリー・クラブ・オブ・ジャパン（AHCJ）」の中心人物であると同時に、いまではオースティン-ヒーリー 100M と「カニさん」の二台と暮しておられる。長く愛好しつづけているだけでなく、積極的に海外の同好の士とも連携し、いまや世界の「カニさん」愛好者にも知られる、わが国を代表するクラブに築き上げた。

　本書においても武森さんをはじめ、AHCJ のメンバーの方々には多くの協力をいただいた。とくに p036 ～ 041 の写真はみなさんから寄せていただいた写真で構成している。改めて謝意を表しておきたい。

　それにしてもクルマは愉しいものだ。「カニさん」がいてくれるおかげで、クルマ生活が大いに彩り豊かになっている気がする。小さなスポーツカーである「カニさん」は、気軽にどこへでも連れ出せる。さすがに最近はロング・トゥーリングはしなくなったけれど、むかしは夜通し走って「糸魚川」まで行ったりもした。

　いや、そうした自分の愛好心だけで本書を思い立ったのではない。実は、もう 1 台、長く愛用しているイタリアン GT があるのだが、やはり走らせるには相応の気構えが要る。走り出してもドライヴァは五感の集中を強要され、デリカシイに富んだアクセルワーク、ステアリング操作をつづけることになる。それがクルマを操るという作業の中で、至高の恩恵であることはよく解っている。

その快感のためにクルマを走らせる。スポーツカーの類はそのために存在している、といってもいい。高性能なクルマを操る歓び、それを御してこそスポーツカー乗り、などと先輩に教わってきた。速く、美しいスポーツカーは、やはり憧れであり芸術品にも似た高貴な薫りさえ感じる。

そうしたクルマを至高といいつつも、一方で「カニさん」の存在が捨て置けない。これはなんだろう。ひょっとして、クルマというものの理想軸はひとつではないのではなかろうか。

趣味に浅い深いはあるけれど、上下の差があるわけではない。しからば、この「カニさん」の持つ魅力を形にすることはできないだろうか。理想軸のちょっと異なるカニさんを題材にした、ちょっとちがうテイストの書籍。

われわれの意欲がどこまで読者諸賢に通じるか、いささか興味深いところではあるのだが、少なくともクルマ好きの著者がクルマ好きの仲間に話題提供したい、という思いだけでも伝わればいい。個性を満々に湛えた希有のスポーツカー、「カニさん」を題材に、カニさんにとどまらず広くクルマの面白さ、愉しさが共有できたら…

誕生して60年を迎えたヒストリックカー、こののちも労りつつ「カニさん」を大いに愉しんでいきたい、いただきたいと願う次第だ。最後に協力いただいた各位に感謝しつつ、結びとしたい。

2020年初頭　　いのうえ・こーいち

つぶらな瞳… 生き返って欲しいなあ

いのうえ・こーいち　著作制作図書

● 『世界の狭軌鉄道』いまも見られる蒸気機関車　全 6 巻　2018 〜 2019 年　メディアパル
  1、ダージリン：インドの「世界遺産」の鉄道、いまも蒸気機関車の走る鉄道として有名。
  2、ウェールズ：もと南アフリカのガーラットが走る魅力の鉄道。フェスティニオク鉄道も収録。
  3、パフィング・ビリイ：オーストラリアの人気鉄道。アメリカン・スタイルのタンク機が活躍。
  4、成田と丸瀬布：いまも残る保存鉄道をはじめ日本の軽便鉄道、蒸気機関車の終焉の記録。
  5、モーリイ鉄道：現存するドイツ 11 の蒸機鉄道をくまなく紹介。600mm のコッペルが素敵。
  6、ロムニイ、ハイス＆ダイムチャーチ鉄道：英国を走る人気の 381mm 軌間の蒸機鉄道。
● 『C62 2 final』　C62 2 の細部写真を中心に、その晩年の姿を追う。 2018 年　メディアパル
● 『D51 Mikado』　C62 2 の続編で D51200 のディテールと保存機など。2019 年　メディアパル
● 『図説電気機関車全史』　200 点超のイラストで綴る国鉄電気機関車のすべて。2017 年　メディアパル
● 『井笠鉄道』　岡山県にあった人気の軽便鉄道。忘れられない情景と記録。2019 年　販売：メディアパル
● 『小田急線』　1960 年代の小田急電車の憶え書きを懐かしい写真と。2019 年アルファベータブックス
● 『英国車リヴュウ』　ミニ、ロータス、MG など英国車の魅力満載。2018 年「いのうえ事務所」取扱い

著者プロフィール
いのうえ・こーいち　(Koichi-INOUYE)
岡山県生まれ、東京育ち。幼少の頃よりのりものに大きな興味を持ち、鉄道は趣味として楽しみつつ、クルマ雑誌、書籍の制作を中心に執筆活動、撮影活動をつづける。近年は鉄道関係の著作も多く、月刊「鉄道模型趣味」誌ほかに連載中。主な著作に「図説蒸気機関車全史」(JTB パブリッシング)、「図説電気機関車全史」(メディアパル)、「名車を生む力」(二玄社)、「ぼくの好きな時代、ぼくの好きなクルマたち」「C 62 ／団塊の蒸気機関車」(エイ出版)「フェラーリ、macchina della quadro」(ソニー・マガジンズ)など多数。また、週刊「C62 をつくる」「D51 をつくる」(デアゴスティーニ)の制作、「世界の名車」、「ハーレーダビッドソン完全大図鑑」(講談社)の翻訳も手がける。季刊「自動車趣味人」主宰。
日本写真家協会会員 (JPS)。
連絡先：mail@tt-9.com

「カニさん」ブック

発行日　2020 年 1 月 15 日
初版第 1 刷発行

著者兼発行人　いのうえ・こーいち
発行所　株式会社こー企画／いのうえ事務所
〒158-0098　東京都世田谷区上用賀 3-18-16
PHONE 03-3420-0513
FAX　03-3420-0667

発売所　株式会社メディアパル
〒162-8710　東京都新宿区東五軒町 6-24
PHONE 03-5261-1171
FAX　03-3235-4645

印刷　製本　株式会社 JOETSU

ISBN　978-4-8021-3175-9　C0065
2020 Printed in Japan